先进材料在航空航天中的应用

梁文萍 缪 强 编著

西北工业大学出版社

【内容简介】 本书以航空航天领域中采用的先进材料为主线，重点介绍了复合材料、复合材料成型技术及先进复合材料的低成本制造技术；典型牌号的铝合金及铝合金在民机上的应用实例；铝锂合金在民机上的应用实例；航空用高性能钛合金的应用；航空发动机材料、航天材料、形状记忆合金及其应用等。本书内容涵盖了各种先进材料在国内外的最新发展及应用，并以在最先进及典型机型上的应用实例介绍材料的性能特点，具有创新性和实用价值。

本书可作为高等院校材料类、机械类、航空航天类专业本科生的专业基础课程教材，也可作为从事材料、航空航天、制造等研究及生产的科研人员与工程技术人员的参考书。

图书在版编目(CIP)数据

先进材料在航空航天中的应用/梁文萍，缪强编著 . —西安：西北工业大学出版社，2016.11(2021.8 重印)
ISBN 978 - 7 - 5612 - 5080 - 8

Ⅰ.①先…　Ⅱ.①梁…　②缪…　Ⅲ.①航空材料—研究　②航天材料—研究　Ⅳ.①V25

中国版本图书馆 CIP 数据核字(2016)第 261919 号

策划编辑：华一瑾
责任编辑：华一瑾

出版发行：西北工业大学出版社
通信地址：西安市友谊西路 127 号　　邮编：710072
电　　话：(029)88493844　88491757
网　　址：www.nwpup.com
印　刷　者：陕西向阳印务有限公司
开　　本：787 mm×1 092 mm　1/16
印　　张：12.125
字　　数：275 千字
版　　次：2016 年 11 月第 1 版　　2021 年 8 月第 3 次印刷
定　　价：45.00 元

序

航空航天工业是国家的基础和支柱产业,其发展水平体现国家的实力和竞争力。"一代材料,一代航空航天器"已成为国际共识。发展"大型客机""先进发动机"以及相关先进航天器不仅体现国家意志,并被列入国家相关重大计划中。

《先进材料在航空航天中的应用》一书全面介绍了航空航天用材料及其应用,其章节组织不拘一格,颇有新意。

第1章至第4章系统介绍了先进复合材料、铝合金、铝锂合金以及钛合金等高性能轻质材料的制备与应用,突出其轻和强的特征。先进复合材料包括连续纤维增强树脂基、金属基、金属间化合物基、陶瓷基和碳基复合材料。该复合材料具有高比强度、高比模量、可设计性强、抗蠕变/疲劳性能好、耐腐蚀、尺寸稳定性好和便于整体成形等优点,可显著减重和提高服役温度,已被大量用于航空或航天器中。如连续碳纤维增强树脂基复合材料在飞机上的应用比例,已成为衡量大型民机先进性的重要指标。铝合金具有低密度、高比强度、高塑性、耐蚀、导热和导电等优点,还具有低成本和优良的加工性,是飞机机体的主要结构材料。铝锂合金与铝合金相比,密度更低、比强度和比刚度更高,还具有良好的抗疲劳和耐蚀性能,以及卓越的超塑性成形性,其成形和维修比复合材料方便,且成本远低于复合材料,被认为是未来航空航天工业领域中理想的轻质高强度结构材料之一。钛合金具有高比强度、耐腐蚀和可焊接等优点,是航空航天工业领域最有应用前景的轻质高温结构材料之一。

第5章和第6章又从航空发动机结构和航天器类别要求出发,介绍了相关材料、应用部位及其发展趋势。航空发动机是飞机的心脏,随着飞机飞行速度、航程和飞行高度的提高,要求发动机压力比、涡轮前进口温度和转速大幅提高,发展更耐高温、高比强度和高比模量的轻质结构材料势在必行,各类高温复合材料倍受关注。将高温合金、金属间化合物和陶瓷基复合材料等均放在第5章,更有助于读者理解航空发动机材料研发之艰难,"一代材料,一代航空发动机"之重要。新型航天器发展日新月异、种类繁多,如运载火箭、导弹、火箭发动机、卫星、空间站、载人飞船、太空探测器和可重复使用航天飞行器等。该书针对相关航天器产品用结构材料的典型应用环境,提出必须满足轻质、高比强度、高比模量、抗超低温和抗超高温氧化腐蚀或烧蚀等极端环境等要求。航天用功能材料种类繁多,其材料品质直接影响航天器的成败,先进航天结构与功能材料是推动和支撑航天产品更新换代和新型航天器的发展的基础。

第7章专门介绍了形状记忆合金作为热驱动功能材料及其在航空航天装备、汽车工程、医疗器械和机器人等领域的广泛应用情况,作者期望在"中国制造2025"及"互联网十"背景下,进一步推动该材料的发展与应用。

该书编著者将材料与应用紧密结合,将教学经验与科研实践相结合,将最新科研动态融入教材中,内容丰富、翔实,不仅反映了学科发展的前沿动态,还对学生拓宽视野、优化知识结构、提高综合素质和增强实践能力大有裨益。

　　作为材料类、机械类和航空航天类专业本科生的专业基础教材,这本书弥补了该专业长期缺乏航空航天材料类教材的问题;对于航空航天材料的研究与应用、生产与实践具有积极地推动作用。同时,它的出版对从事航空航天器研究与生产的工程技术人员和高校相关专业的师生也有一定的参考价值。

张立同[①]

2016 年 9 月于西安

---

　　① 张立同(1938 —),女,航空航天材料专家,中国工程院院士。

前　言

本书是为推进"互联网＋"时代课程教学模式和考核方式的改革、强化科教协同、促进高水平科研支撑高质量教学而开设的跨门类、跨学科、跨专业新型课程——学科拓展平台课程"航空航天材料概论"而编著的；立足于反映学科发展前沿、加强学科交叉与融合，旨在帮助学生拓宽视野、优化知识结构、提高综合素质和实践能力。这种新型课程目前可参考的教材大多是《工程材料学》《金属材料学》《有色金属材料学》等等，尚未见到以航空航天领域所用先进材料为主线编著的教材，因此迫切需要一部理论与实践相结合、反应最新科技动态、内容翔实、通俗易懂的新教材，以满足材料类、机械类、航空航天类专业本科生的专业基础课程教学的需要。

"一代材料，一代飞机""一代材料，一代装备"，材料的先进性直接决定了飞机及装备的先进程度，在"中国制造2025"及"互联网＋"时代尤为突出和重要。笔者根据多年讲授"工程材料学""工程材料及热加工基础""有色金属合金"等课程的经验，结合做大型客机关键技术项目、国家自然科学基金项目、航空科学基金项目等科研的实践，对航空航天所用先进材料如复合材料、铝合金、铝锂合金、钛合金、航空发动机材料、航天材料，以及新型材料形状记忆合金等进行系统阐述。并结合各种先进材料在国内外的最新发展及应用状况，以在最先进及典型机型上的应用实例介绍材料的性能特点，具有创新性和实用价值，也可以此提高教材的可读性。

全书共分为7章，分别包括复合材料及其在航空领域中的应用、铝合金及其在航空领域中的应用、铝锂合金及其在航空领域中的应用、钛合金及其在航空领域中的应用、航空发动机材料及其应用、航天材料及其应用、形状记忆合金及其应用等。在介绍基础知识的前提下，着重介绍各种先进材料的国内外最新动态及应用情况。

本书由南京航空航天大学梁文萍教授、缪强教授编著。其中，第1章和第2章、第5～7章由梁文萍教授编著，第3章和第4章由缪强教授编著。全书由梁文萍教授统稿。

在本书编写过程中，南京航空航天大学余雄庆教授、张平则教授和王显峰副教授提出了很好的意见和建议，在此表示衷心的感谢。同时感谢博士生丁铮和夏金姣，硕士生裴秋旭、刘文、陆海峰、胡荣耀、陈博文、宋有朋和高鹏等收集整理大量资料，为本书的出版付出了辛勤劳动。衷心感谢中国商用飞机上海飞机设计研究院、国家自然科学基金委工程材料学部为本书提供的科研项目支持。本书参考了大量文献资料，在此谨向所有参考文献的作者诚致谢意。

由于水平有限，书中难免存在疏漏与错误，恳请广大读者批评指正。

编著者

2016 年 9 月

目　　录

第1章 复合材料及其在航空领域中的应用

《国家中长期科学和技术发展规划纲要(2006—2020)》和《国民经济和社会发展第十一个五年规划纲要》把大型飞机项目确定为国家重大科技专项。大型客机的立项有利于推动我国航空制造业的技术升级,而材料是航空制造业的基础,这一点尤其体现在复合材料上。大型客机作为一种商品,追求的主要目标是在保证运输能力的前提下提高飞机的安全性、经济性、舒适性和环保性,以增强市场的竞争力。怎样才能满足这些性能要求?其重要手段之一是采用大量先进复合材料。采用先进复合材料可以减轻飞机结构和机载设备的重量、提高飞机结构和设备的寿命和可靠性,从而达到降低飞机的油耗、价格、维护费用等。先进复合材料(Advanced Composites Material,ACM)是指可用于加工主承力结构和次承力结构,具有比强度高、比模量高、可设计性强、抗疲劳断裂性能好、耐腐蚀、尺寸稳定性好以及方便整体成形等优点,被大量地应用于航空航天等领域,是制造飞机结构件的理想材料,可获得减轻质量 20%～30% 的显著效果。目前复合材料已成为研制大型民用飞机的一个制高点,为了在激烈的民用飞机市场竞争中获胜,以波音和空客为代表的民用航空公司在复合材料的用量上展开了竞争。

从国外民用飞机复合材料的用量和发展趋势来看,复合材料已成为目前国外客机的主要结构材料,近些年国外客机上复合材料的用量大幅提升,A380 客机复合材料的用量已达 25%,而 B787 客机复合材料的用量更是高达 50%,复合材料在客机结构上的应用已发展到用于制造机翼、机身等主承力结构。由于复合材料在国外客机上的大规模应用使得飞机的重量大大降低,从而大大提高了飞机的性能,如 A380 仅中央翼盒采用复合材料就较使用金属减重 1.5 t,减重达 17%。这是由复合材料具有优异的性能特点所决定的。

1.1 复合材料的特点

1.1.1 复合材料概念

1. 复合材料的定义

所谓复合材料,是指把两种或两种以上宏观上不同的材料,合理地进行复合而制得的一类材料,目的是通过复合效应来提高单一材料所不能发挥的各种特性。根据国际标准化组织(International Organization for Standardization,ISO)为复合材料所下的定义,复合材料是由两种或两种以上物理和化学性质不同的物质组合而成的一种多相固体材料。复合材料的组分材料虽然保持其相对独立性,但复合材料的性能却不是组分材料性能的简单加和,而是有着重要的改进。在复合材料中,通常有一相为连续相,称为基体(Matrix);另一相为分散相,称为增强材料（Reinforcement）。分散相是以独立的形态分布在整个连续相中，两相之间存在着相界面（Interface）。分散相可以是增强纤维（Fiber），也可以是颗粒状或弥散的填料。复合材料既可以保持原材料的某些特点，又能发挥组合后的新特征，它可以根据需要进行设计，从而最合理地达到所要求的性能，即具有可设计性。

2. 复合材料的结构

复合材料为增强材料（F）+ 基体（M）+界面（I）三相结构，其性质、配置方式、相互作用及相对含量决定着复合材料的性能。增强相的形式如图 1.1 所示，有纤维（Fiber）包括连续纤维和短纤维、颗粒（Particulate）、晶须（Whisker）、织物（Fabric）。在树脂基复合材料中，三种组成相均发挥其独特的作用：纤维——增强作用，承载、增强增韧；基体——基体通过界面将应力传递到纤维，成型、保护纤维；界面——良好的界面黏结使基体发挥作用（传力），调节界面结合状态可以提高复合材料的韧性。

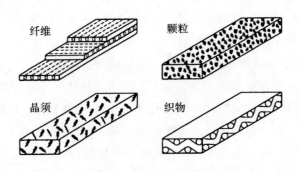

纤维　　　　　　颗粒

晶须　　　　　　织物

图 1.1　增强相的形式

目前在结构上应用的纤维增强树脂基复合材料是由纤维、基体和界面三个结构单元构成。高模量、高强度的增强纤维是承载主体，决定沿纤维方向的强度和模量；树脂基体提供对纤维的支持和保护，同时决定横向（垂直纤维方向）的强度和模量，层合结构的层间性能也主要由基体性能确定；界面将纤维和基体粘接在一起，并实现纤维与基体间的载荷传递，从而构成了沿纤维方向具有高强度、高模量的新型材料。人们所见到的复合材料，其典型实例是纤维增强复合材料，其性能表现为轻质高强度。

（1）纤维的选择。目前常用的增强纤维有碳纤维（如 T300，HMS，AS4，IM7，T800）、玻璃纤维（S 玻璃、E 玻璃）、芳纶（Kevlar - 49 等）和硼纤维。其中碳纤维占主导地位，这是由于玻璃纤维比较重，硼纤维相对价格较贵，芳纶纤维具有较低的拉伸弹性模量。玻璃纤维可以透过无线电波，是天线罩和隐身应用的理想材料。芳纶纤维产品主要用于防弹背心等。硼纤维的应用比较广泛，但目前还没有应用于机身结构中，选用标准如下所述。

1）对于兼有强度和刚度要求的结构，应选用碳纤维或硼纤维。若要求高刚度，可选用高模量碳纤维。硼纤维由于价格贵，密度较大，直径粗，因此其应用范围受到很大限制。

2）结构要求有高的抗冲击性能和断裂韧性时可选用玻璃纤维或 Kevlar 纤维。若同时还要求高的比强度和比模量时，可在碳纤维复合材料中加入少量玻璃纤维或 Kevlar 纤维，构成混杂复合材料，以一种纤维的优点来弥补另一种纤维的缺点。

3)雷达罩结构要求具有良好的透波性,应选用玻璃纤维或 Kevlar 纤维。不能使用具有半导体性质的碳纤维。

碳纤维作为复合材料中的重要组分材料,分宇航级和工业级,其中宇航级是重要的战略物资。其发展特点总的来说是高性能化和多元化。高强度是碳纤维不断追求的目标之一,以国际上最大的 PAN 基碳纤维供应商日本东丽(Toray)为例,自 1971 年 T300(强度 3 535 MPa)进入市场以来,碳纤维的拉伸强度得到很大提高,经过了 T700 和 T800 到 T1000 三个阶段,T1000 的拉伸强度已达 6 370 MPa,T800 是目前民用飞机复合材料生产的主流纤维。根据不同的使用要求,发展相应的产品。如东丽碳纤维目前分三大类:

1)高拉伸强度(HT)纤维,具有相对较低的弹性模量(200～280 GPa);

2)中模(IM)纤维,弹性模量 300 GPa;

3)高模(HM)纤维,弹性模量超过 350 GPa。

碳纤维另一个重要发展特点是产品大丝束化。大丝束是碳纤维产品多元化的一个重要方面,主要目的是加快纤维铺放速率,从而提高复合材料生产效率,降低制造成本。这方面的研究内容主要是制取廉价原丝技术(包括大丝束化、化学改性、用其他纤维材料取代聚丙烯腈纤维)、等离子预氧化技术、微波碳化和石墨化技术等。碳纤维按用途大致可分 24 K 以下的宇航级小丝束碳纤维(1 K 的含义为一条碳纤维丝束含 1 000 根单丝)和 48 K 以上的工业级大丝束碳纤维。目前小丝束碳纤维基本为日本东丽、东邦(Tenax)与 三菱人造丝(Mitsubishi Rayon)所垄断。而大丝束碳纤维主要生产国是美国、德国与日本,产量大约是小丝束碳纤维的 33% 左右,最大支数发展到 480 K。工业级大丝束碳纤维可有效降低复合材料成本,但随之带来的是树脂浸润不够充分和均匀性方面的问题。

(2)基体的选择。基体是复合材料另一个主要组分材料,包括金属基体、陶瓷基体和树脂基体,主流是树脂基体。目前作为轻质高效结构材料应用的高性能树脂基体主要有三大类,即 150 ℃ 以下长期使用的环氧树脂基体,150～220 ℃ 长期使用的双马来酰亚胺树脂基体,250 ℃ 以上使用的聚酰亚胺树脂基体。

环氧基体用量最多,具有综合性能优异、工艺性好、价格低等诸多优点,在马赫数小于 1.5 的军用飞机和民用飞机上得到广泛应用。双马来酰亚胺树脂基体主要用在马赫数大于等于 1.5 的高性能战斗机上。聚酰亚胺基体主要用于发动机压气机叶片和冷端部件。环氧基体由于固化后的分子交联密度高、内应力大,存在质脆、耐疲劳性差、抗冲击韧性差等缺点。对于航空结构复合材料,环氧树脂的增韧改性一直是重要的研究课题,双马来酰亚胺树脂基体也有类似问题。数十年来,增韧改性技术取得长足发展,包括橡胶弹性体增韧、热致液晶聚合物增韧、热塑性树脂互穿网络增韧以及纳米粒子增韧等,新的品种不断得到开发,使用经验在不断积累,环氧复合材料技术上已趋成熟。

在增强纤维选定之后,树脂基体就成了复合材料性能和成本的决定因素,因此高性能、低成本、可回收再用以及环境友好型的树脂基体,是复合材料技术未来发展的长期研究课题。

树脂基体的分类如图 1.2 所示,具体分类如下。

1)按固化特性可分为热固性树脂和热塑性树脂;

2)按固化温度可分为低温固化树脂(80 ℃ 以下)、中温固化树脂(125 ℃ 以下)、高温固化

树脂(170 ℃以上);

3)按功效可分为结构用树脂、内装饰用树脂、雷达罩用树脂、耐烧蚀性树脂;

4)按工艺方法可分为热压罐成型用树脂、树脂传递模塑成型(Resin Transfer Moulding, RTM)专用树脂、树脂膜熔浸(Resin Flim Infusion,RFI)专用树脂、纤维缠绕用树脂、拉挤和模压用树脂、低温低压固化(Low Temperature Moulding,LTM)树脂、电子束固化树脂、光固化树脂。

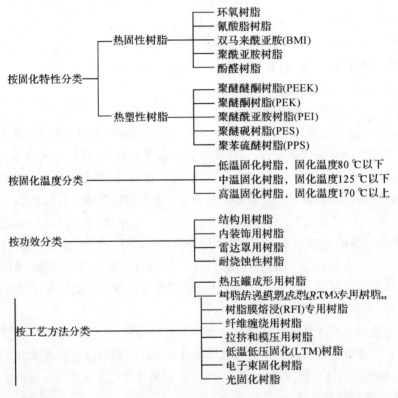

图 1.2　树脂基体的分类

先进树脂基复合材料(High Performance Fiber & High Performance Matrix Resin)是指碳纤维、高模量有机纤维(如 Kevlar,一种芳纶复合材料纤维)增强的环氧、聚酰亚胺等高性能树脂基体的复合材料。目前环氧树脂体系是先进复合材料应用最广泛的基体体系,它适用于碳、Kevlar、玻璃、硼等纤维,也适用于混杂复合材料。通常它的长期使用温度在 170 ℃以下,需耐高温时可采用双马来酰亚胺或聚酰亚胺树脂,可耐 200～300 ℃高温,以上均为热固性树脂。热塑性树脂具有较高的使用温度,如聚醚醚酮可达 250 ℃,同时具有较好的层间断裂韧性和冲击后压缩强度(Compression After Impact,CAI),但其成型温度高,到目前为止加工方法尚未得到充分发展。

通常根据结构最高工作温度选择基体。此外,基体对复合材料在湿/热条件下的性能、抗冲击性能(CAI)和层间强度等影响较大,应给予重点考虑。国外树脂基复合材料仍以结构复合材料为主,发展的重点为耐高温、高韧性、耐腐蚀、低成本的热固性树脂基和热塑性树脂基复合材料。在提高复合材料的韧性方面,二维或三维自动编织技术将获得更为广泛的应用;在降低成本和提高工艺水平方面,将进一步扩大缠绕、RTM 成型和编织预成型等近无余量的成型应用。

1.1.2　复合材料的分类

1. 按性能分类

（1）普通复合材料。它包括普通玻璃纤维、合成纤维或天然纤维增强的普通聚合物复合材料，如玻璃钢、钢筋混凝土等。

（2）先进复合材料。先进复合材料（Advanced Composites Material，ACM）主要指连续纤维增强（韧）的树脂、金属、陶瓷及碳等各类基体的复合材料，具有耐高温、低密度、高比强、高比模、抗环境、高可靠性等突出的性能特点。

先进复合材料体系可分为三种类型：聚合物基体复合材料（Polymer Matrix Composites，PMC）、金属基体复合材料（Metallic Matrix Comosites，MMC）、陶瓷基体复合材料（Ceramic Matrix Composites，CMC）。

1）聚合物基复合材料。以有机聚合物为基体制成的复合材料，主要为热固性树脂（Thermosets）和热塑性树脂（Thermoplastics）。热固性树脂包括环氧树脂（Epoxies）、聚酰亚胺树脂（Polyimides）和双马来酰亚胺树脂（Bismaleimides）。

2）金属基复合材料。以金属为基体制成的复合材料，如铝基复合材料、钛基复合材料等。

3）陶瓷基复合材料。以陶瓷材料或碳为基体制成的复合材料。

先进复合材料的分类示意如图 1.3 所示。

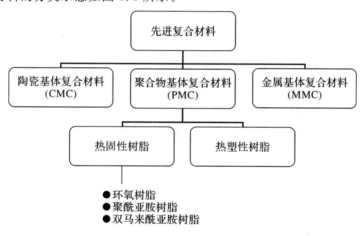

图 1.3　先进复合材料的分类示意图

2. 按基体材料分类

按基体材料的不同，复合材料可分为聚合物复合材料、金属基复合材料、陶瓷基复合材料、碳/碳复合材料和水泥基复合材料等。

3. 按用途分类

按复合材料的用途不同，它可分为结构复合材料、功能复合材料和结构/功能一体化复合材料。

采用特殊的增强相和基体，具有功能可设计性，体现了材料/结构/功能一体化的特点。随着航空航天技术的发展,针对不同需求,出现了在性能上与一般低性能的常用树脂基复合材料有所不同的高性能树脂基先进复合材料。

高性能树脂基体具有特殊的化学结构和成型特性。通常在高温下具有高的尺寸稳定性、优异的热氧化性、低吸湿性、耐磨性以及耐辐射等优异的综合力学性能。以高性能树脂为基体的复合材料可在高温氧化、腐蚀等恶劣环境下作为结构材料长期使用。

4. 按增强剂分类

按照复合材料所使用的增强剂不同,它可分为颗粒增强复合材料、晶须增强复合材料、短纤维增强复合材料、连续纤维增强复合材料、混杂纤维增强复合材料和三向编织复合材料。

1.1.3 复合材料的基本性能

1. 复合材料的优点

(1)高比强度和高比模量(刚度)。比强度 = 强度/密度(MPa/(g·cm^{-3}));比模量 = 模量/密度(GPa/(g·cm^{-3}))。复合材料具有重量轻、强度高、模量大等特点,即用最轻重量获得最大的强度或模量,可达到结构材料减重的目的。

复合材料,特别是聚合物基复合材料,它们的强度、刚度和成本性能特别适用于飞机结构的应用,是飞机结构主要关注的新材料。金属基和陶瓷基复合材料是比聚合物基复合材料更早发展起来的复合材料,金属基复合材料具有优异的高温性能,可用作高温部件,但制备很困难;陶瓷基复合材料虽然耐高温、抗磨损,但脆性大、断裂韧性低,因此在大多数情况下不适合于结构性应用。

目前发展最快、应用最为广泛的是树脂基复合材料,它具有比强度和比刚度高、可设计性强、抗疲劳性能好、耐腐蚀性能好、便于大面积整体成型,以及利用各向异性通过铺层设计可以获得较为理想的结构性能等优异特性,在航空领域得到越来越广泛的应用。与传统的钢、铝合金结构材料相比,树脂基复合材料的密度约为钢的1/5,铝合金的1/2,其比强度和比模量高于钢和铝合金,见表1.1。这样在强度和刚度要求相同的情况下,用树脂基复合材料可以明显减轻结构质(重)量、提高飞机性能和降低燃油消耗,所以迅速发展成为继铝、钢、钛之后的又一类航空结构材料,广泛用于航空航天等高科技领域。

表 1.1 不同材料的比强度和比模量

材料	纤维体积含量(%)	密度 ρ (g·cm^{-3})	比模量 (10^9 MPa·cm^3·g^{-1})	比强度 (10^7 MPa·cm^3·g^{-1})
芳纶纤维/环氧树脂	60	1.4	0.29	0.46
碳纤维/环氧树脂	58	1.54	0.54	0.25
低碳钢	—	7.8	0.27	< 0.11
铝合金	—	2.7	0.27	0.15

（2）良好的高温性能。目前聚合物基复合材料的耐高温上限为 350 ℃；金属基复合材料按不同的基体性能，其使用温度在 350～1 100 ℃ 范围内变动；陶瓷基复合材料的使用温度可达 1 400 ℃；碳/碳复合材料的使用温度最高可达 2 800 ℃。

（3）良好的尺寸稳定性。增强体加入到基体材料中，不仅可以提高材料的强度和刚度，而且可以使其热膨胀系数明显下降。通过改变复合材料中增强体的含量，可以调整复合材料的热膨胀系数。

（4）耐疲劳性能好，破损安全性高。表现在以下几方面：①疲劳破坏有预兆；②疲劳极限/静极限强度的百分比高（S—N）。

（5）良好的蠕变、冲击和断裂韧性，陶瓷基复合材料的脆性得到明显改善。

（6）具有多种功能性。①优异的电绝缘性和高频介电性能；②良好的摩擦性能；③优良的耐腐蚀性；④有特殊的光学、电学、磁学特性。

（7）良好的加工工艺性。

1）可根据制品的使用条件、性能要求选择原材料（纤维、树脂）；

2）可根据制品的形状、大小、数量选择加工成型方法；

3）材料、结构的制备在同一工艺过程完成，即可整体成型，减少装配零件的数量，节省工时、节省材料、减轻重量。

树脂基复合材料对于结构形状复杂的大型制件也能实现一次成型，从而使部件中零件的数目明显减少，避免了过多的连接，显著降低了应力集中，减少了制造工序和加工量，大量节省原材料。树脂基复合材料以其独特的优点，在许多工业领域中得到了应用。

（8）各向异性和性能可设计性。复合材料的力学和物理性能除了由纤维、基体的种类和含量决定外，还与纤维的排列方向、铺层顺序等有关。可根据工程结构的载荷分布及使用条件不同，选择相应的材料及铺层设计来满足既定的要求，做到安全可靠以及经济合理。

复合材料层合板设计即铺层设计——确定铺层要素。层合板设计的主要任务是根据层合板所受的外加载荷和已选用的组分材料的铺层性能来确定层合板的三个铺层要素：铺层角度、铺层顺序和层数（层数比）。

1）铺层角度确定。为了最大限度地利用纤维轴向的高性能，应该用 0°层承受轴向载荷，45°层承受剪切载荷，即将剪切载荷分解为拉、压分量来布置纤维承载；90°铺层用来承受横向载荷。根据需要确定设计哪几种铺向角，若需设计成准各向同性板，也可采用 0°，30°，60°构成的层合板，铺层角度如图 1.4 所示。

2）铺层顺序的确定。除特殊要求外，应采用正交各向异性的对称铺层，避免耦合引起翘；同角度的铺层，沿层合板方向应尽量均匀分布，不宜过于集中，若超过 4 层易在两种定向铺层组的层间出现分层；层合板的面内刚度只与层数比和铺向角度有关，与铺叠顺序无关，但若层压结构的性能还与弯曲刚度有关时（例如层压结构梁），则弯曲刚度与铺叠顺序有关。

3）铺层层数的确定。各定向铺层的层数应通过计算或计算图表确定，一般先求出层数比，再根据所需总层数求得各种铺向角层组的层数。

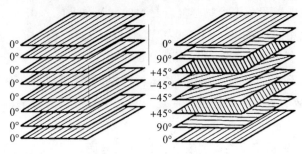

图 1.4　铺层角度示意图

2. 复合材料的缺点

复合材料虽然具有以上诸多优点,但也存在一些缺点,主要包括以下几方面。①成型工艺成本仍然较高;②仍缺乏高性能复合材料大批量生产技术;③材料本身不能循环回收利用;④针对各向异性的设计方法较少;⑤材料的破坏模式规律性不明显;⑥生产能力受原材料制约(如纤维等)。

1.1.4　复合材料结构制造工艺特点

不同材料,制造工艺特点各有不同。尤其是复合材料,由于它性能上的优异特点,其制造工艺与金属材料有较大差异。

金属飞机结构一般由蒙皮、桁条、肋、框、梁和墙等零组件,用大量紧固件机械连接装配而成。金属材料零组件,通常采用机械加工、压延、锻造、铸造等工艺方法制造,这是由金属材料可切削性、可锻性、可延展性和可熔性等固有特性所决定的。

金属材料如铝合金,1930 年开始用于飞机结构,用了大约 10 年的时间,才形成用机械连接梁、桁条、框、肋、蒙皮构成的半硬壳薄壁结构。此后,逐步发展形成了多种有特色的结构形式,如加筋(硬壳)蒙皮构架结构、框架补强开口结构、张力场梁结构、夹层结构、波纹腹板梁、整体壁板结构等。铝合金在飞机结构上的应用至今已有 70 年的历史,目前仍然是飞机设计首选的结构材料。

钛合金继铝合金之后,于 1954 年开始在飞机结构上应用,钛合金适合采用超塑成型、扩散焊接和铸造等工艺加工,供料一般为大型的锻锭或铸锭。大型整体钛合金梁、隔框、壁板和连接主接头是目前主要的钛合金结构件形式。F-22 战斗机中机身承载隔框是目前最大的热等静压铸钛合金件。钛合金与碳纤维复合材料接触无电偶腐蚀,适合与复合材料结构共同使用。

复合材料开始用于飞机结构时,采用按刚度等代设计方法,以准各向同性层合板代替铝合金板,以减轻结构重量。复合材料结构形式主要反映出复合材料以纤维为承载与传力主体和固化成型制造工艺等特点,同时,借鉴采纳了适用的金属结构形式。

复合材料结构一般是采用模具、热压固化成型,要求制造工艺技术精湛,控制实现结构设计所确定的纤维方向,且应尽量减少切断纤维的机械加工。目前,通常采用浸渍基体树脂的增强纤维预浸料逐层铺贴在模具上,再经热压工艺,基体树脂在模具内进行化学反应,结构件成型与材料成型同时完成。共固化、二次胶接、预成型件/树脂传递模塑(RTM)或树脂膜熔浸成型(RFI)等工艺技术可使复合材料大型构件整体成型。从而,可以明显减少机械加工和装配工作量,大幅度降低装配费用,还可改善构件使用性能。

复合材料结构件热压固化成型工艺方法要求结构设计与结构制造工艺两者更加密切配合,以控制复合材料结构的热应力和热变形。结构成型与材料成型同时完成的特点,要求对成型工艺过程严格监控,并建立配套的缺陷/损伤检测方法和质量控制标准。

1.1.5　复合材料结构损伤特性

1. 复合材料结构损伤形式

(1)损伤。虽然复合材料用于飞机结构有许多优点,但是复合材料也存在固有的缺点。首先,对于纤维增强树脂基的脆性复合材料,在过载情况下,应力重新分配的能力差。甚至在较小的冲击载荷作用下,也可能造成内部的分层损伤,这种损伤会降低结构强度和刚度,压缩强度的降低更加明显。在受冲击的复合材料零件表面,损伤不明显甚至完全看不见,但零件内部已产生分层损伤。

(2)缺陷。复合材料制备和零件成型同时完成,因而材料制备过程中的缺陷不可避免地带到了制件中,包括由于工艺过程控制不好、混入脱模剂、零件装配不协调等造成的空隙、分层、脱胶等。

复合材料在使用过程中由于使用不当,如冲击、超载、挤压等,或受环境条件影响,如雨蚀、砂蚀、热冲击、雷击、溶剂等,也会形成分层、脱胶、表面氧化、腐蚀坑、边缘损伤、表面鼓泡等缺陷和损伤。

2. 复合材料结构修理特点

复合材料的损伤形式与金属材料显著不同,因此不能简单地将传统的金属结构修理方法直接应用于复合材料结构修理,必须根据其损伤特点,发展新的修理方法。特别要重视铺层设计和修理设计。采用不恰当的方法修理复合材料结构,往往得不到好的修复效果,甚至会出现修理后的结构比原损伤结构的强度更低的现象。

飞机上使用的复合材料部件出现缺陷和损伤后,首先必须根据损伤的部位和范围来确定修理方案,其一般过程为:①确定损伤部位;②确定损伤范围;③设计人员对损伤结构进行损伤容限和剩余强度分析。

工程技术人员按照已经规范化的文件,根据具体情况决定:①不修理,继续使用;②需要修理,可以由认可的维修单位进行修理;③必须返回原制造单位修理或者报废。

飞机用复合材料结构制造中所采用的材料一般为玻璃纤维增强复合材料、碳纤维增强复合材料及芳纶纤维复合材料。这些材料用于蜂窝夹心结构及整体层合结构的制造。在进行永久修理时,修理材料一般必须按下列准则与原制造材料相配合:①只用碳纤维材料修理碳纤维增强复合材料结构;②只用玻璃纤维材料修理玻璃纤维或芳纶纤维增强复合材料结构。

常用修理方法需根据制件的结构、缺陷和损伤的类型与大小,采用相应的修理方法。最常用的方法包括树脂注射、树脂灌注和填充、机械连接贴补、胶接贴补和挖补等。

1.2　复合材料成型技术及其特点

由于复合材料具有优异的性能特点,在飞机结构上的应用越来越广泛,将对飞机的设计和制造带来革命性的变化。新的制造技术如自动化制造技术,液态成型制造技术和整体化制造技术将成为高效低成本制造技术的主流。用于制造飞机结构部件的树脂基复合材料成型技术主要包括:手糊成型技术、热压罐成型技术、模压成型技术、拉挤成型技术、纤维缠绕成型技术、自动铺放技术、RTM成型技术等。

1.2.1　手糊成型技术

手糊成型是最古老也是最常用的复合材料制造工艺,这种成型工艺,制造工人将预浸坯料经浸布浸润后连续铺层,应用工具使零件成型。这种工艺很少受到制品形状及大小的制约,模具费用也较低,因此对于那些品种多、生产量小的大型制品,手糊成型是最适合的成型技术。如图1.5所示为手工铺叠工艺流程示意图。

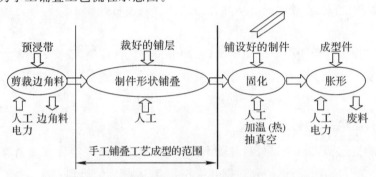

图1.5　手工铺叠工艺流程图

手工铺叠工艺是目前国内用得最多的成型工艺,如图1.6所示为手工铺叠复合材料机翼的生产现场。

图1.6　手工铺叠示意图

1.2.2　热压罐成型技术

热压罐成型技术是制造高质量复合材料制件的主要方法。其基本过程是先将预浸料按尺寸裁剪、铺贴,然后将预浸料叠层和其他工艺辅助材料组合在一起置于热压罐中,在一定压力和温度下固化形成制件。热压罐成型技术的最大优点是仅用一个模具就能得到形状复杂、尺寸较大、质量较好的制件。

热压罐成型技术较为成熟,已经制造出了大量的航空复合材料结构件和结构/功能一体化构件,同时也是国内应用最广的成型技术之一。国内外有许多飞机部件都是采用热压罐成型工艺制造。图 1.7 为国内最大的热压罐,图 1.8 为国内采用热压罐整体成型的机翼壁板。

图 1.7　国内最大的热压罐(Φ5 m×17 m)　　　图 1.8　整体成型机翼壁板(10.5 m)

1.2.3　模压成型技术

预浸料/模压成型技术仍然是航空复合材料制造的主流技术,目前已由手工工艺发展为数字化和自动化制造工艺。图 1.9 为预浸料/模压成型技术发展示意图。

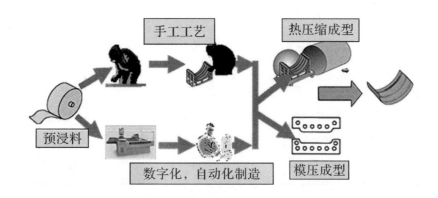

图 1.9　预浸料/模压成型技术发展示意图

模压成型的模具由阴、阳模两部分组成,增强材料一般为短切纤维毡、连续纤维毡和织物。

坯料模压工艺是将预浸料或预混料先做成制品的形状,然后放入模具中压制(通常为热压)成制品。模压成型技术适合于生产量大、尺寸要求精确的制品。图 1.10 为模压成型示意图。

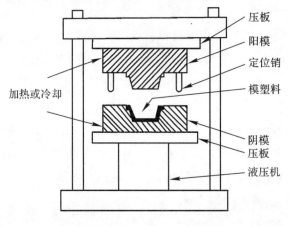

图 1.10　模压成型示意图

1.2.4　拉挤成型技术

拉挤成型是高效率生产连续、恒定截面复合型材的一种自动化工艺技术。其工艺特点是,将连续纤维浸渍树脂后,通过具有一定截面形状的模具成型并固化,成型工艺简单,效率高。其主要工艺步骤包括纤维输送、纤维浸渍、成型与固化、夹持与拉拔、切割等,其工艺原理如图1.11所示。

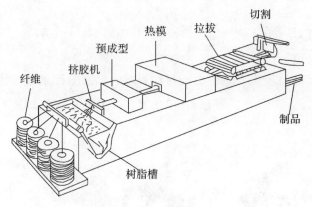

图 1.11　拉挤成型工艺原理图

拉挤成型用纤维主要为玻璃纤维粗纱,树脂主要为不饱和聚酸酯树脂,用于连续生产纤维复合材料型材。采用拉挤法制备制件时,增强纤维沿轴向平行排列,能有效利用其强度。采用纤维毡增强材料可制备各向同性制件,采用编织带可提高制件的横向强度。拉挤成型技术的关键是对固化的控制,固化反应放热峰如果出现太早制件易开裂、翘曲;出现太迟制件固化不完全,易分层。取决于型材形状和加热方式,拉挤速度在 1.5~60 m/h 之间。

采用预浸料自动拉挤制造复合材料筋、肋、梁型材最早由日本 JAMCO 公司发明,美国 ATK 公司近年也推出自己的预浸料拉挤型材技术,已经用于 A380 和 B787 等客机机型。国内研究工作刚刚起步,亟待研究。

1.2.5　纤维缠绕成型技术

纤维缠绕成型是一种将浸渍了树脂的纱或丝束缠绕在回转芯模上,常压下在室温或较高温度下固化成型的一种复合材料制造工艺,是一种生产各种尺寸(Φ6 mm～6 m)回转体的简单有效的方法。

纤维缠绕成型的工艺过程是,在专门的缠绕机上,将浸渍树脂的纤维均匀地、有规律地缠绕在一个转动的芯模上,最后固化、除去芯模后获得制件。湿法缠绕是最普通的缠绕方法,其工艺原理如图 1.12 所示。

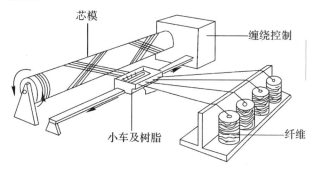

图 1.12　湿法缠绕工艺原理图

纤维缠绕成型方法既适用于制备简单的旋转体如筒、罐、管、球、锥等,也可以用来制备飞机机身、机翼及汽车车身等非旋转体部件。在纤维缠绕成型中常使用的增强材料包括玻璃纤维、碳纤维、芳纶纤维,缠绕用树脂基体有聚酯、乙烯酯、环氧和 BMI 树脂等。

纤维缠绕成型方法的主要优点是节省原材料、低的制造成本以及制件的高度重复性,最大缺点是制件固化后需除去芯模以及不适宜于带凹曲表面制件的制造。

纤维缠绕机的发展经历了机械式、程序控制到计算机控制纤维缠绕机三个阶段。计算机控制纤维缠绕机的出现开始了缠绕技术的革命,缠绕 CAD/CAM 技术使复杂的缠绕轨迹计算成为可能、并在计算机控制纤维缠绕机上直接实现。缠绕轴数的增加不仅使复杂的运动得以完成,并且大大提高了线形精度,从而大大提高缠绕制品的性能。纤维缠绕技术已成为应用最广泛的复合材料自动化成型技术,与自动铺放技术包括自动铺带技术和自动铺丝技术(也称为丝束铺放或纤维铺放)一起,构成先进复合材料的自动化连续成型技术。

1.2.6　自动铺放技术

自动铺放技术是制造大型复合材料构件的重要方法,用自动铺带制造翼面蒙皮/壁板、自动铺丝制造机身已经成为发达国家航空制造标准。A380 客机中 25％的复合材料中有将近40％采用自动铺放(后机身、中央翼、尾翼等)、B787 客机中 50％的复合材料中有 80％采用自动铺放技术制造(所有翼面和全部机身)。

国内现有碳纤维复合材料预浸料体系主要针对手工铺叠工艺,不能满足自动化制造的工艺性要求。

1.2.7 RTM 成型技术

树脂传递模塑成型技术(Resin Transfer Moulding,RTM)是一种适宜多品种、中批量、高质量复合材料制品生产的成型技术。其基本原理是,在设计好的模具中放置预成型增强体,闭合模具后,将所需的树脂注入模具,当树脂充分浸润增强材料后,加热固化,然后脱模获得产品。如图 1.13 所示为 RTM 成型原理示意图。

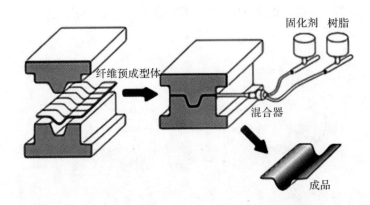

图 1.13 RTM 成型原理示意图

RTM 成型技术有许多优点:能够制造高质量、高精度、低孔隙率、高纤维含量的复杂复合材料构件,无须胶衣树脂也可获得光滑的双表面,产品从设计到投产时间短,生产效率高;RTM 模具和产品可采用 CAD 软件进行设计,模具制造容易,材料选择面广;RTM 成型的构件与管件易于实现局部增强及制造局部加厚的构件,带芯材的复合材料能一次成型;RTM 成型过程中有害气体物质挥发量少,有利于劳动保护和环境保护。

1.3 先进复合材料的低成本制造技术

先进树脂基复合材料以其优异的综合性能在航空航天等高新技术领域得到了大量的应用。先进树脂基复合材料在飞机上的应用可实现飞机结构减重 $25\%\sim30\%$ 的效果。此外,通过深层次开发复合材料结构与功能的可设计性潜力,复合材料的应用可进一步提高飞机的综合性能。因此人们早就预言,21 世纪飞机上的大部分结构将采用复合材料,甚至出现全复合材料飞机。

到目前为止,复合材料的使用量仍处于较低水平,其主要原因是,复合材料构件的成本还远远高于铝合金构件,高成本阻碍了先进树脂基复合材料在航空航天领域的更广泛应用及其他领域的扩大应用。因此,先进树脂基复合材料要提高应用效能、扩大应用领域首先要解决的问题是低成本化。

先进树脂基复合材料的成本组成主要包括原材料成本、设计制造成本以及使用维护成本。图 1.14 是复合材料的成本构成示意图,可以看出,制造成本所占的比重最大。

先进复合材料的低成本制造技术包括复合材料低温固化技术、复合材料自动铺放技术、复合材料 RTM 成型技术、复合材料电子束固化技术以及复合材料结构修理技术等。

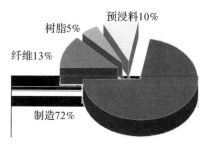

图 1.14　复合材料的成本构成示意图

1.3.1　复合材料低温固化技术

复合材料的低温固化技术通常指固化温度小于 100 ℃,可以在自由状态下进行高温后处理的复合材料及相关制造技术。树脂基复合材料构件的低温固化技术,可以大大降低主要由昂贵的模具、高能耗设备和高性能工艺辅料等带来的高费用。此外,低温固化复合材料构件的尺寸精度高,固化残余应力低,适合于制备大型和复杂的复合材料构件。低温固化中,高温使用树脂基复合材料不仅可用于制备航空航天复合材料构件,也可用于复合材料工装材料以及复合材料构件修补等。复合材料低温固化技术是低成本技术的重要组成部分。

低温固化,即不仅要降低固化温度,同时还要降低固化压力,以便可不采用传统的热压罐成型而采用烘箱(或烘房、空气炉等)/真空袋固化技术。低温固化中真空袋固化技术的主要优点是设备投资低;模具材料来源广泛,成本低廉;适合于生产大尺寸和形状复杂的复合材料构件;操作简便;制品设计自由度高;工艺辅料费用显著降低。目前,低温固化高温使用的树脂基复合材料技术发展很快,其性能已达到很高水平,已经开始应用于航空航天复合材料承力构件和复合材料工装等。

1.3.2　复合材料自动铺放技术

复合材料自动铺放技术与缠绕技术是实现复合材料"低成本、高性能"的重要手段之一。自动铺放技术的优点是低成本、自动化、数字化、高精度、高效率、高性能。其中自动铺带:72 Ib/h;自动铺丝:50 Ib/h(VAFPM 68 Ib/h),可节省工时 50%～60%、效率提高 40%以上、废料率降低 80%以上、成本降低 50%以上。在航空航天高性能复合材料结构制造中的应用极为广泛,具有相当重要的地位,近年发展起来的自动铺丝技术(Automated Fiber Placement,AFP)和自动铺带技术(Automated Tape-Laying,ATL)技术得到广泛的应用,成为现代先进大型飞机复合材料部件制造的重要技术。这两种技术的优点在于能制造大型整体部件,大量节约工时,降低制造成本,同时大量减少废料率。B787 客机大量应用复合材料,达到 50%,很大程度得益于自动铺放技术。所有翼面蒙皮都采用自动铺带技术制造,全部机身都采用自动铺丝技术整体制造。

国内制造复合材料多数为手工铺放,部分单位掌握自动下料和激光投影铺放。在自动铺带技术、数字化制造方面开展了应用研究,研制了适合自动铺带的预浸料、以及自动铺带原理样机,对自动铺丝技术也开展了探索性研究工作。

目前国外中小型制件及利用织物预浸料时普遍采用计算机辅助的数字化人工铺放,如图 1.15 所示为流程图。自动铺带技术适用于大型壁板类复合材料结构制造,自动铺丝技术适用于大型回旋体类结构制造。

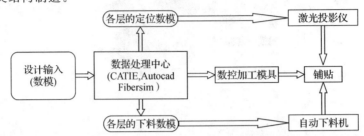

图 1.15　计算机辅助数字化人工铺放流程图

1. 自动铺带技术

自动铺带技术是针对机翼、壁板构件等大尺寸、中小曲率的部件开发的一种复合材料自动化制造技术。国外在 20 世纪 70 年代中期开始研制自动铺带机,1983 年第一台商用铺带机进入生产领域,F16 中 80% 的蒙皮件用其生产。随着飞机复合材料用量的增加,自动铺带技术的应用也越来越广泛,铺带技术也日益完备,生产效率高,是手工铺叠速度的数十倍。目前几乎所有航空大型复合材料壁板类均采用自动铺带技术,自动铺带机已由第一代铺平面、窄带、带宽 3 in,第二代铺大型平面、宽带、带宽 12 in,发展到第三代铺曲面,称"外形铺带机",即曲面带铺放(CTLM),甚至第四代,可以铺放相当复杂的双曲面。A380 客机和 B747 客机大量应用复合材料在很大程度上得益于自动铺放技术的应用。图1.16 为 A380 客机部件复合材料先进制造技术分布图。

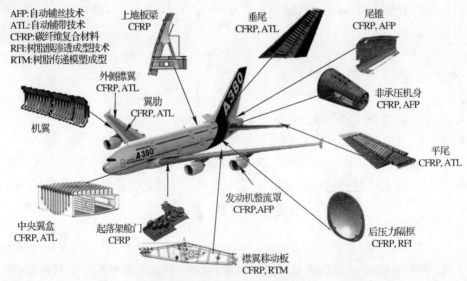

图 1.16　A380 客机部件复合材料先进制造技术分布图

从图中可以看出,A380 客机的中央翼盒、平尾、垂尾等部件均采用自动铺带技术,同时也采用其他的复合材料先进制造技术,例如后压力框采用树脂腊熔浸(Resim Film Infusion,RFI)

工艺、襟翼导轨面板采用 RTM 工艺制造。

自动铺带技术以带有隔离衬纸单向预浸带为原料,在铺带头中完成预定形状的切割,加热后在压辊的作用下直接铺叠到模具表面。当预浸带铺放到模具表面上时,由铺带头将衬纸去除。当预浸带铺放完毕时,铺带头可以根据需要从不同角度切断预浸带。自动铺带主要采用热固性树脂预浸带,也可采用热塑性树脂预浸带。自动铺放主要过程如下:

预浸料分配 → 稍加热 → 与纸分离 → 铺下、切断、压实。工艺关键是铺带头,具有扇形端,随零件外形走动、均匀施压。图 1.17 为自动铺带设备。

自动铺带技术的应用可以明显提高复合材料的生产效率、降低制造成本,发达国家都已采用自动铺带技术制造航空复合材料构件。图 1.18 是 B777 客机用自动铺带技术制造的全复合材料尾翼蒙皮。图 1.19 是 A400M 运输机用自动铺带技术制造的复合材料机翼。

图 1.17　自动铺带机

图 1.18　B777 客机尾翼蒙皮

图 1.19　A400M 运输机机翼(23 m×4 m,约 3 t)

2. 自动铺丝技术

自动铺丝技术全称为自动丝束铺放成型技术,是 20 世纪 80 年代中后期进行开发研制,旨在克服缠绕技术在"周期性、稳定性和非架空"方面及自动铺带必须沿"自然路径"的限制,用于复合材料机身制造,核心技术是多丝束铺放头的设计研制和相应材料体系开发。1990 年,第一台生产用纤维铺放机交付使用,波音直升机公司是第一个用纤维铺放机生产飞机的公司。

自动铺丝技术是将数根预浸纱用多轴铺放头(机器手)按照设计要求所确定的铺层、方向和厚度在压辊下集为一条预浸带(带宽由程序控制预浸纱根数自动调整)后铺放在芯模表面,加热软化预浸纱并压实定型,整个过程由计算机测控、协调完成。主要工艺过程如下:

各个预浸丝束从纱团抽出 → 丝束按各自速度通过导纱系统 → 到达铺放头,平行排列成一个纱带,加热,压实到模具表面 → 将一些纱带层积到模具表面成制品 → 铺放头定位到下一个铺放过程开始的位置。

自动铺丝技术不同于缠绕和自动铺带,具有可实现连续变角度铺放,适应大曲率复杂构件成型而又具有接近自动铺带的效率;高度自动化,络纱铺层方向准确,可实现复合材料构件快捷制造,迅速形成批量生产;生产速度快、产品质量稳定、可靠性高,可以真正实现"低成本、高性能"等优点。

自动铺丝设备由缠绕机演化而来,早期的铺丝机采用龙门式结构,如图 1.20 所示,是用 AFP 技术制造 A350XWB 客机复合材料机翼蒙皮。由于对铺丝机丝束数目的要求增多,后期发展的铺丝机多采用卧式结构,且用转动作为轴升降运动,美国辛辛那提机床厂制造的 Viper 铺丝机系统如图 1.21 所示。

图 1.20　用 AFP 技术制造的 A350XWB 客机复合材料机翼蒙皮　　　　图 1.21　Viper 型铺丝头

用自动铺丝技术制造的 V－22 飞机整体结构后机身如图 1.22 所示,比原来减少了 34％的紧固件和 53％的装配量,废料率降低了 90％。使用自动铺丝技术制造机身,还可降低质量,节省材料,减少部件数目,缩短工艺流程和工装时间。B787 客机机身段采用 AFP 制造如图 1.23 所示。由于没有铆钉和蒙皮接点,不需要框架,整个飞机有了更多空间,并且机身整体成型,质量大大降低,与铝合金相比,质量减少了 40％以上。

图 1.22　V - 22 直升机后机身

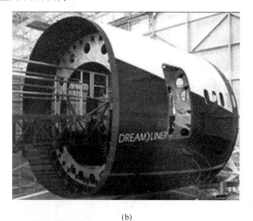

(a)　　　　　　　　　　　　　　　　　　　(b)

(c)

图 1.23　B787 客机机身段 AFP 制造

(a)机身头段 Φ6.2 m×12.8 m；(b)机身中段(44 段 Φ5.8 m×8.5 m、46 段 Φ5.8 m×10m)；

(c)机身后段(47 段 Φ5.8 m×7 m、48 段 Φ4.3 m×4.6 m)

自动铺丝技术研究的最新趋势是与热塑性复合材料直接固结技术、电子束固化技术相结合，替代热压罐成型技术。电子束固化与自动铺丝技术结合是最新发展方向，这是由于电子束固化可以大大降低制造时间、材料和能源消耗。

1.3.3　复合材料 RTM 成型技术

　　液态复合成型(Liquid Composite Molding,LCM)已作为成熟的工程技术应用于新一代大型飞机。LCM 可分为树脂转移模塑(RTM)和树脂薄膜浸渗(RFI)两种制备技术。由于 LCM 技术具有成本低、周期短、质量高、工作环境好和有利于结构整体化等优点,使原来在减重方面就占优势的树脂基复合材料如虎添翼,显著增强了与金属材料的竞争力。比如 A380 客机中央翼盒的 5 个工字梁用 RTM 制成,并率先采用 RFI 技术制造复合材料襟翼滑轨梁;B787 客机机身的很多地板横梁用 RFI 技术制造,其起落架撑杆则用 RTM 技术制造。

1. 树脂传递模塑成型(RTM)

　　RTM 技术的突出特点是将树脂浸润、固化成型过程与纤维结构设计和制造分开,使得设计者可以进行独特的材料设计裁剪来满足精确而复杂的技术要求。此外,RTM 技术为闭合模具和工艺设计,容易整体制造较大尺寸,形状复杂,带加筋、夹芯和镶件的结构。图 1.24 为 RTM 工艺过程,每一步都相互关联并最终决定制品的质量。

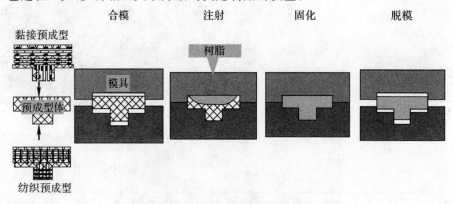

图 1.24　RTM 成型技术的工艺流程

　　预成型体的结构设计不仅决定制件的力学性能,而且决定树脂在预成型体中的渗透率和树脂注射充模的压力和时间,进而影响到树脂体系的选择。与此同时,树脂注射过程势必影响预成型体的稳定性(注射过程中增强纤维可能被冲乱)、纤维束浸润及空气排除等因素之间微妙的平衡关系。模具设计不仅要保证制品的几何特性,而且要考虑注射过程中树脂流动、树脂固化和制品脱模等工艺因素。只有把各个工艺步骤作为一个整体来统一考虑,才能最终获得高质量的制品和最好的经济性。

　　F-22 战斗机中大量应用 RTM 技术,典型的 RTM 结构是机翼主承力正弦波梁,如图 1.25 所示。采用 RTM 技术使 F-22 战斗机上结构制品的公差控制在 0.5% 之内,废品率低于 5%,比相同的金属制品减重 40% 而便宜 10%,采用 RTM 技术后比原设计节省开支 2.5 亿美元。F-22 上占非蒙皮复合材料结构重量约 45% 的 360 件承载结构都是采用 RTM 技术制造的。A330-300/340-500/600 客机扰流板接头也采用 RTM 技术成型,如图 1.26 所示。

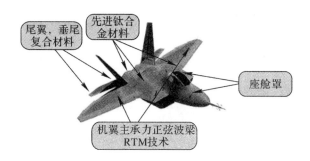

图 1.25　F-22 战斗机大量应用 RTM 技术

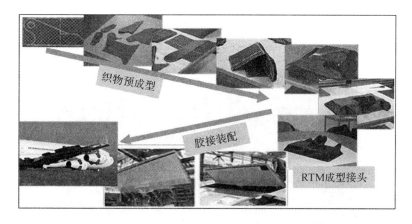

图 1.26　A330-300/340-500/600 客机扰流板接头采用 RTM 成型

国内对液体成型技术的研究工作开展较晚,技术成熟度较热压罐低,与国外差距不大,树脂与国外树脂相当,但应用差距较大。国内主要在以下几方面进行了研究:编织和缝纫预成型技术、成型工艺优化技术及工艺模拟。RTM 是在 1985 年后开发出来的一类复合材料低成本制造技术,发展很快,衍生出一些特殊的 RTM 技术,主要有真空辅助 RTM(Vacuum Assisted Resin Transfer Molding,VARTM)、压缩 RTM(Compressing Resin Tranfer Molding,CRTM)、树脂膜渗透成型(RFI)、真空辅助树脂渗透 RTM(Vacuum Assited Resin Infuision,VARI)等。

2. 树脂膜渗透成型(RFI)

RFI 工艺过程如图 1.27 所示,与 RTM 技术相比有许多优点:RFI 技术不需要专用设备,不需 RTM 那样复杂的模具,不需专用的树脂基体,以及将 RTM 的树脂横向流动变成了纵向(沿厚度方向)流动,缩短了树脂流动浸润纤维的路径,使纤维更容易被树脂浸润。与预浸料/热压罐成型技术相比,RFI 不需制备预浸料,可以缩短制造周期、提高材料利用率,进而降低复合材料的成本。A380 客机机身球框采用 RFI 制造,如图 1.28 所示。

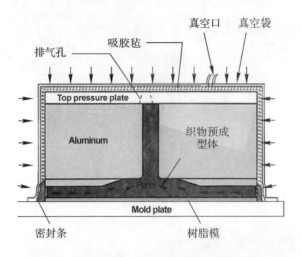

图 1.27　RFI 工艺示意图

图 1.28　A380 客机机身球框采用 RFI 制造

3. 真空辅助树脂渗透(VARI)

真空辅助树脂渗透是在真空状态下排除纤维增强体中的气体,完成树脂的流动、渗透,实现对增强体的浸渍,最后固化成型。采用 VARI 制造复合材料构件时无须预浸料和热压罐,可大幅度降低成本,非常适宜大型构件的低成本制造。图 1.29 为 VARI 技术原理示意图。A400M 运输机后货舱门用 VARTM(VARI)技术制造,如图 1.30 所示。

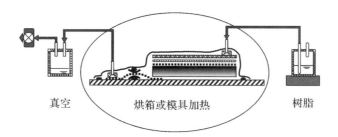

真空　　　　烘箱或模具加热　　　　树脂

图 1.29　VARI 制造技术原理示意图

图 1.30　A400M 运输机后货舱门采用 VARTM(VARI)技术制造

1.3.4　复合材料电子束固化技术

树脂基复合材料电子束固化技术是 20 世纪 90 年代发展起来的一种低成本制造技术。它利用高能电子束引发复合材料树脂基体发生交联反应,制造高交联密度的热固性树脂基复合材料。复合材料电子束固化技术有以下独特的优点。

(1)可以在室温或者低温条件下固化。由于能够进行低温条件下固化,因此可以降低固化收缩率,减少固化残余应力,提高复合材料制件的尺寸精度;可以采用低成本的模具材料如泡沫、石膏和木材等,明显降低模具成本。

(2)固化速度快、成型周期短,是热压罐成型的若干倍。

(3)适合于制造大型复合材料构件。由于电子束固化工艺不需要其他工艺设备,只要电子加速器的屏蔽室容许即可用电子束固化技术制造大型复合材料构件。

(4)可选择区域固化。电子束固化可以在构件上选择需要固化的区域进行固化,而不必对整个构件进行固化处理,因此非常适合对复合材料的修理。

(5)便于实现连续化操作。电子束固化技术可以和 RTM、缠绕、纤维自动铺放和拉挤等成型工艺结合使用,进一步降低复合材料的制造成本。

目前,国外电子束固化复合材料已达到工程应用阶段,开始在航空航天领域中应用。国内已研制开发了电子束固化环氧树脂。

胶结挖补修理是纤维增强热固性塑料制件修理的一种重要方法,适于修理有严格外形表面要求的制件、最大连接效率的制件、必须避免载荷集中及偏心的制件、以及采用贴补会引起厚度超出型线的厚壁制件。

国外从 20 世纪 70 年代开始对复合材料修补技术进行研究,目前已实现修补材料系列化,品种齐全,修补工艺成熟。用于修补的复合材料体系主要是双组分低黏度环氧树脂体系和预浸料,前者是在湿铺贴修补中浸渍干纤维织物,后者主要用于制造预固化补片或真空条件下进行外场热胶接修补。

1.4 国内外复合材料在航空领域中的应用

1.4.1 国外复合材料在航空领域中的应用

复合材料在飞机上的应用经历了从非承力构件—次承力构件(尾翼级)—主承力构件(机身和机翼等)的发展过程,已成为飞机结构的主要材料。如图 1.31 所示为国外民用飞机复合材料的用量和趋势。

从图 1.31 中可以看出,从开始使用复合材料的 20 世纪 70 年代到 20 世纪末,其用量在 15% 范围内,且增长幅度不是太大;直到 2005 年以后,以 A380 客机,B787 客机为代表,复合材料在机体中的用量发生了显著变化,A380 客机复合材料用量超过 20%,B787 客机用量甚至达到 50%。

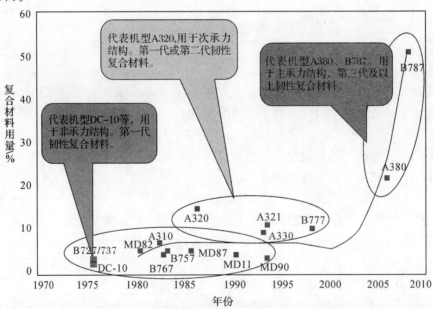

图 1.31 国外民用飞机复合材料用量和趋势

这一变化过程主要包括以下三个阶段。

1. 第一代脆性复合材料(1976 — 1986 年)

本阶段代表机型为 DC - 10 机型,用于非承力结构,包括 A310,MD82,B757,B767,

MD11,MD90,B727/737,DC－10 等机型。复合材料用量＜ 10％,应用部位包括副翼、方向舵、扰流板、整流罩等。

　　本阶段美国在 ACEE 计划的支持下,主要研究内容包括复合材料和飞机结构的基础科学和工程技术;次承力复合材料结构设计、制造和试验验证;机翼和机身主承力结构探索研究;碳纤维复合材料 T－300/5208 的性能等。

　　美国 Narmco 公司 1972 年成功研发了第一代碳纤维复合材料 T－300/5208,首先应用的复合材料结构包括 Lockheed L－1011 副翼、Douglas DC－10 方向舵、B727 客机机翼扰流板。Douglas DC－10 方向舵完成飞行考核,装机 13 架次,并推广应用于其他机型。图 1.32 所示为 DC－10 复合材料方向舵的实物照片。至此,第一代 T－300/5208 脆性复合材料获得成功应用。但主承力结构的复合材料应用未取得实质性进展。存在的主要问题包括复合材料的冲击损伤及其成本高昂。

图 1.32　DC－10 复合材料方向舵

2. 第一代或第二代韧性复合材料(1986 — 2000 年)

　　本阶段代表机型为 A320,用于次承力结构,包括 A320,A321,A330,B777 等机型。复合材料用量为 10％～15％,应用部位包括副翼、方向舵、扰流板、整流罩、平尾、地板、雷达罩、前起舱门、发动机吊架、内外襟翼等。图 1.33 为 A320 客机机型的复合材料应用部位示意。

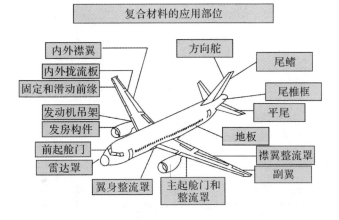

图 1.33　A320 复合材料应用示意图

A320 客机用碳纤维/环氧复合材料体系包括以下两方面。

(1)中温(125 ℃)固化。日本东丽 T300B/913(湿态长期工作温度-55～80℃);Toho HTA(12K)/913 等。

(2)高温(177 ℃)固化。T300B/5208(NARMCO),第一代脆性。AS4/3501-6(Hexcel),第一代脆性。T300B/914(Hexcel),第一代韧性。T400/HTA(12K)/6376(Hexcel),第二代韧性。AS4/8552(Hexcel),第三代韧性。HTA(12K)/977-2(Cytec),第三代韧性。

在这个阶段解决了第一代脆性复合材料韧性差的问题。第一代或第二代韧性复合材料获得应用,第三代韧性复合材料得到发展,扩大了复合材料在飞机上的应用。

A320 客机主要部件选用复合材料用量达到飞机结构重量的 15%,使机体结构减重 850 kg。A320 客机采用了 CAD/CAM 技术,复材结构制造技术,钛合金钣金件和热成型技术等先进制造技术,促进了钛合金和复合材料的应用。复合材料结构件多以复合材料面板和蜂窝芯夹层结构形式制造。起落架舱门、襟翼整流包皮、副翼、内外扰流板等采用碳纤维复合材料制造。机翼翼梢、升降舵、雷达罩、飞行操纵面、前客舱内壁板及襟翼前后缘由玻璃纤维复合材料制造;雷达罩边缘使用复合材料 T300 3KPW/E765 制造;机翼-机身整流包皮采用芳纶纤维复合材料制造。另外,水平尾翼、垂直尾翼、发动机短舱整流罩、刹车装置也采用复合材料制造。垂直尾翼壁板为整体结构碳纤维复合材料制件,壁板内侧长桁和翼肋由 250 个单元模芯组成。碳/碳复合材料刹车装置使 A320 客机减重约 300 kg。

A330/340 客机主要部件选用的材料,机翼整体加强共固化外襟翼蒙皮、中央翼盒、扰流板、减速板、垂直和水平尾翼(作为燃油箱)、水平安定面主要结构和辅助结构及所有整流罩采用复合材料。

国外客机上应用的复合材料体系见表1.2。

表 1.2 国外客机上应用的复合材料体系

机 型	部 件	采用的复合材料体系	备 注
DC—10	方向舵、垂直安定面	T300/5208	5208 为 180 ℃固化的中等韧性环氧树脂
B727	升降舵	T300/5208	
B737	平尾、垂尾	T300/5208	
L—1011	副翼	T300/E715	
	垂直安定面	T300/5208	
A320	垂直安定面、平尾、襟翼	T300/913C	
A330/A340	外翼、平尾、垂尾、襟翼、副翼等	HTA/6376	
ATR—72	外翼翼盒、方向舵、升降舵、整流罩、发动机吊舱等	T300/914	

3. 第三代及以上韧性复合材料(2000—2010 年)

本阶段代表机型为 A380,B787,用于主承力结构,复合材料用量为 20%～50%。

A380 客机是新一代超大型客机,选材原则采用高强度/高损伤容限、稳定和抗腐蚀的先进材料来降低结构重量。A380 客机率先在中央翼盒上大量采用复合材料（原为全金属结构）。A380 客机中央翼盒重 8.8t,其中复合材料 5.3 t,减重 1.5 t。A380 客机机体结构选材铝合金占重量的 61%;复合材料占 25%(22% 为 CFRP,用量达 32 t;3% 为首次用于民用飞机的 GLARE);钛和钢占 10%;其他 4%。随着纤维自动铺放,自动铺带、树脂膜渗透和树脂转移成型等先进制造技术的采用,使得设计大的复合材料部件成为可能,降低了装配成本。A380 客机复合材料应用部位包括机翼、平尾、垂尾、机身尾段和尾椎、垂尾梁、梁、肋、接头、球框等,如图 1.16 所示。A380 客机各部位采用的主要复合材料体系见表 1.3。A380 客机主承力结构主要采用的碳纤维增强体系为 IM7,AS4。

表 1.3　A380 飞机用复合材料体系

应用部位	选用材料
机翼、平尾、垂尾	IM7/M21(Hexcel),第三代韧性
机身尾段和尾椎	IM7/AS4/8552(Hexcel),第三代韧性
垂尾梁	IM7/977-2(Cytec),第三代韧性
梁、肋、接头等	IM7/RTM6(Hexcel),RTM 工艺成型
球框	NCF HTA/M36(Hexcel),RFI 工艺成型

在 B787"梦幻"客机上,复合材料几乎覆盖了客机的表面,包括机翼、机身和尾翼等机体主要结构。使用复合材料整体机身段,进一步发展为全复合材料翼盒直至全复合材料机翼,占全机结构重量 50% 以上。使用部位包括机翼机身等主承力结构;平尾,垂尾,内饰,地板梁;部分舱门和整流罩等。选材大致情况为复合材料 50%;铝合金 20%、钛合金 15%、钢 5%、其他 10%,如图 1.34 所示。

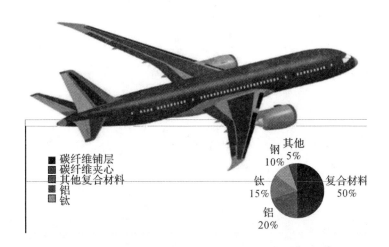

图 1.34　B787 客机复合材料应用部位

A380 客机和 B787 客机承力结构的选材情况见表 1.4。

表 1.4　A380 客机和 B787 客机承力结构的选材

机　型	A380	B787
主承力结构	中央翼盒、外翼盒、垂尾、平尾翼盒、地板梁、发动机挂架、客舱门、大窗框等	机身蒙皮、机身框、中央翼盒、外翼盒、垂尾、平尾翼盒、地板梁、发动机挂架、客舱门、窗框等
主要选用材料	IM7/977-2,IM7/M21,AS4/8552	T800S/3900-2,AS4/977-3 主要规范:BMS8-276
次承力结构	垂尾、平尾、中央主起落架舱门、襟翼上下壁板、腹鳍、翼梢小翼、前缘、吊挂及发动机短舱、雷达罩等	垂尾、平尾、中央主起落架舱门、襟翼上下壁板、腹鳍、翼梢小翼、前缘、吊挂及发动机短舱、雷达罩等
主要选用材料	AS4 或 HTA 单向带及碳布/8552	T300 单向带及碳布/F593,Cycom970 主要规范:BMS8-256

　　本阶段,第三代及以上韧性复合材料获得应用,同时采用了先进的复合材料成型技术和制造工艺,如 A380 客机采用了 RTM、RFI 成型技术,B787 客机采用了自动铺层技术等,使得复合材料在飞机上的用量大幅提升。

　　空客公司由于受到波音公司复合材料高用量的威胁,计划在 A350 客机上将复合材料的用量提高到 52%,以形成与 B787 客机的竞争,如图 1.35 所示。复合材料在飞机上的用量及其性能水平已成为飞机先进性的重要标志之一。

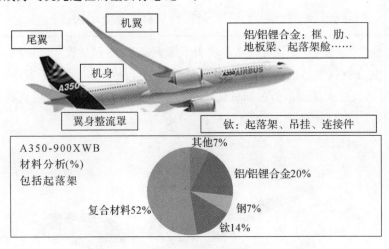

图 1.35　A350 客机复合材料应用情况

　　A350 客机是空客公司面向 21 世纪市场的 250 座级中型中远程客机。其结构设计方案已数次修改,选材也作了相应变更:铝合金用量从 34%(含铝锂合金 23%)降到 20%;钛合金用量从 9% 上升到 14%;钢用量从 14% 降到 7%;复合材料用量从 40% 上升到 52%。

1.4.2　国内复合材料在航空领域中的应用

　　国内复合材料的研究有近 40 年的历程,也取得了相当的成果和进步,达到了一定的规模和水平,主要用于军用飞机。与国外相比,我国民用飞机复合材料的应用研究起步较晚,由于国内碳纤维复合材料主要依赖进口,而碳纤维进口受到限制,且价格较高,造成碳纤维复合材料生产制造的成本很高,限制了先进复合材料在飞机结构的进一步应用。其主要表现在第一,原材料年产量低,价格贵。我国大量使用的碳纤维,其年产量还不能满足国内工程应用的需求;同时,国内产品的价格也高于国外。第二,缺少高强度的原材料,目前国内只有相当于国外 T300 的通用级碳纤维,而大型客机主承力结构需用的高强度中模量碳纤维如 T800 尚没有开发出来。复合材料的强度大小主要取决于纤维的强度。美、欧等先进航空企业大量使用复合材料的基础是强度高、价格相对较低的碳纤维。波音公司在 B787 客机上使用的 T800 碳纤维,强度较 T300 高 50%～60%。而我国碳纤维正处于研制与工程化阶段,尚未形成稳定的自主保障能力。第三,工艺技术在工程应用方面还不成熟。制造成本的降低需要工艺方面的突破来实现。RTM 与 RFI 这两种制备技术具有成本低、周期短、质量高和有利于结构整体化等优点,我国对其的研究取得了不少进展,但在工程应用方面还不成熟。

我国在 1970 年即进行了歼-8 战斗机和强-5 攻击机的尾翼、前机身应用研究,1978 年首次将碳-玻/环氧复合材料用于强-5 型攻击机的进气道侧壁。北京航空材料研究所和北京航空工艺研究所 1984 年研制成功的飞机结构受力构件用的高性能环氧树脂复合材料 T-300/4211 体系,其交联密度大,弹性模量较高,耐热性好,其突出优点是有良好的工艺性,预浸料可在室温下存放。T-300/4211 复合材料可在 120℃ 以下使用,已用于几种型号飞机的垂直安定面、飞机进气道外侧壁板等。1995 年研制成功歼-8Ⅱ 带整体油箱的复合材料机翼,至今已安全飞行 20 多年,此后进入正式应用。2001 年我国首件飞机复合材料水平尾翼在航空 603 所完成设计,除达到减重 24% 外,气动特性也得到较大改善,标志着我国复合材料结构设计水平跃上了一个新台阶。我国新设计的军用飞机上都采用了复合材料,10 号战斗机用量为 6%,11 号战斗机用量为 9%,一般用量不超过 10%,见表 1.5。国内客机复合材料主要用于次承力结构,如垂尾、翼梢小翼、襟翼和方向舵等。主要材料为 T300 单向带及碳布/Cycom 970,规范相当于 BMS 8-256。

表 1.5　国内飞机复合材料的应用现状

机型	首飞年份	复材用量/(%)	应用部位
强-5	1985 年	1～2	垂尾、前机身(首次)
歼-8Ⅰ	1985 年	1	垂尾(首次)
歼-8Ⅲ	1993 年	2	垂尾、前机身
歼-8Ⅱ	1995 年	5	机翼主承力结构验证
歼-10	1997 年	6	垂尾、鸭翼、襟副翼
X11X	—	9.6	机翼、平尾、垂尾、减速板
新舟 60	—	1	腹鳍、垂尾前缘、雷达罩、平尾翼尖等
ARJ21	2008 年	2.8	翼梢小翼、襟翼子翼、方向舵
Y12F	—	7～10	副翼、方向舵、升降舵、各种整流罩

但最新研制成功的我国第四代战斗机 J-20 上复合材料的应用有了突破,用量达 20% 左右,目标用量会增至 29% 左右,量上可超过美国 F-22 水平。直升机上用量会大一些,例如直-9、直-10 等机型用量在 35% 以上,新研制的专用武装直升机目标用量会达到 50% 左右。

飞机结构复合材料化已成为必然趋势,大型客机结构的主体材料将采用复合材料已是不争的事实,这将从根本上改变飞机结构设计和制造的传统,也将改变航空工业供应链的重组进程,能否适应这一重大变革,势必影响国内航空制造业的兴衰成败。我国在该领域落后较多,数据不全、工程应用不足、缺乏必要的技术储备和支撑。作为国家重大专项的大型客机项目,不仅要研制出大型客机,还要取得商业上的成功,复合材料计划用量在 10%~25%,以提高复合材料在民用飞机上的应用,应用部位由次承力结构发展到主承力结构,如机翼、尾翼、后压力框、机身尾段等。大型客机复合材料用到尾翼级,加上地板梁等,用量可达 10%左右;用到机翼级部件,用量可达 25%。

第2章　铝合金及其在航空领域中的应用

2.1　铝合金概述

铝合金由于具有密度低、比强度高、耐蚀性强、易导热导电、塑性和加工性能良好、成本低等一系列优点，作为航空材料的一个重要组成部分，一直是飞机机体结构的主要用材。航空航天工业技术的进步与航空航天材料科学的发展紧密联系在一起，两者相互制约，相互促进。目前，铝合金已大量应用于航空航天等领域中，极大地促进了航空航天工业的发展。在航空航天领域中应用的铝合金主要有铝合金铸件、铝合金大型挤压型材和铝合金厚板。

由于工业纯铝的强度很低，$R_m = 80 \sim 110$ MPa，虽然经过冷变形可使其强度硬度提高，但塑性下降，因此多数情况下不能直接用于制作结构部件。为了改善和提高纯铝的力学性能和工艺性能，在铝中通常加入的合金元素有：铜、锌、镁、硅、锰以及稀土元素等，以得到各种性能各异的铝合金。合金元素在固态铝中的溶解度一般都是有限的，所以铝合金的组织中除了形成铝基固溶体外，还有第二相出现。以铝为基的二元合金大都是按共晶相图结晶，如图 2.1 所示。加入的合金元素不同，在铝合金基固溶体中的极限溶解度也不同，固溶度随温度变化以及合金共晶点的位置也各不相同。根据化学成分和加工工艺特点，铝合金可分为变形铝合金和铸造铝合金。图 2.1 中成分在 D 点以左的合金，当加热到固溶线以上温度时，可得到均匀的单相固溶体 α，由于其塑性好，变形抗力小，适用于压力加工，所以称为变形铝合金。常用的变形铝合金中，合金元素的总含量一般小于 5%（质量分数，以下同），但在高强度变形铝合金中，合金元素的总含量可达 8% ～14%。成分在 D 点以右的合金，具有共晶成分，流动性好，适合于铸造，所以称为铸造铝合金。

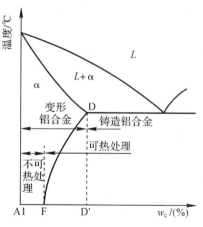

图 2.1　铝合金分类示意图

在变形铝合金中，按照加热时是否有溶解度变化可分为以下两类。

（1）不能热处理强化的铝合金。即合金元素的含量小于状态图中的 F 点成分的合金，这类合金具有较好的抗蚀性能，故又称防锈铝合金。

（2）能热处理强化的铝合金。即成分位于状态图中的 F 与 D 点之间的合金，通过热处理可显著提高合金的力学性能，这类合金包括硬铝、超硬铝和锻铝。常用变形铝合金的牌号、化学成分、力学性能与用途见表 2.1。

表 2.1 常用变形铝合金的牌号、化学成分、力学性能及用途(摘自 GB/T 3190—2008)

类别	牌号(旧牌号)	化学成分/(%)					材料状态	力学性能			用途举例
		Cu	Mg	Mn	Zn	其他		R_m/MPa	A/(%)	HBW	
防锈铝合金	5A02(LF2)		2.0~2.8	0.15~0.40			O	195	17	47	油箱、油管、轻载荷零件及焊接件、低压容器、铆钉和焊条
	5A05(LF5)		4.8~5.5	0.3~0.6			O	280	20	70	受力零件、焊接油箱、油管、铆钉、蒙皮骨架等
	3A21(LF21)			1.0~1.6			O	130	20	30	焊接油箱、油管、铆钉等轻载零件及制品
硬铝合金	2A01(LY1)	2.2~3.0	0.2~0.5				T4	300	24	70	中等强度和工作温度≤100℃的结构用铆钉材料
	2A11(LY11)	3.8~4.8	0.4~0.8	0.4~0.8			T4	420	18	100	中强零件，如骨架、螺旋桨叶片、铆钉
	2A12(LY12)	3.8~4.9	1.2~1.8	0.3~0.9			T4	470	17	105	高强度，在150℃以下工作的零件，如梁、铆钉
超硬铝合金	7A04(LC4)	1.4~2.0	1.2~1.8	0.2~0.6	5.0~7.0	Cr0.10~0.25	T6	600	12	150	结构中主要受力件，如飞机大梁、桁架、加强框、蒙皮、接头及起落架
	7A09(LC9)	1.2~2.0	2.0~3.0	0.15	5.1~6.1	Cr0.16~0.30	T6	680	7	190	高强度，中等强度的锻件和模锻件，如喷气发动机压气机叶轮、支杆等
锻铝合金	2A50(LD5)	1.8~2.6	0.4~0.8	0.4~0.8		Si0.7~1.2	T6	420	13	105	形状复杂、中等强度的锻件和模锻件，如喷气发动机压气机叶轮、支杆等
	2A70(LD7)	1.9~2.5	1.4~1.8			Fe0.9~1.5 Ni0.9~1.5 Ti0.02~0.1	T6	415	13	120	高温下工作的复杂锻件、内燃机活塞
	2A14(LD10)	3.9~4.8	0.4~0.8	0.4~1.0		Si0.6~1.2	T6	480	19	135	承受高载荷的锻件和模锻件

2.2 铝合金国内外的发展状况

20 世纪初,在莱特兄弟制造的飞机上就采用 Al - Cu - Mn 合金铸造的发动机曲柄箱体。1906 年,在 Al - Cu - Mn 系合金中发现时效硬化现象,使铝合金作为飞机主体结构材料成为可能,此后,铝合金作为飞机机体的主要结构材料登上历史舞台。F - 22 战斗机采用当时(20 世纪 80 年代初)最先进的 2124 和 7050 高纯铝合金,用作机体内部的框架、加强肋、腹板、接头件以及某些蒙皮等结构,其质量分别占前机身的 50%,中机身的 35%,后机身的 22%,中央翼的 23%。20 世纪 90 年代以来,航空用铝合金的发展有了重大突破,研制成功了以 7150,2524和 7055 为代表的新一代高性能铝合金,满足新型大飞机低成本、多用途的设计选材要求。1995 年开始研制、2000 年首飞的 F - 35 战斗机采用这几种铝合金,总用量在 30% 以上。我国自行设计研制的第二代战斗机机体结构用材中铝合金占 80% 以上,在研制的第三代战斗机机体结构用材中铝合金仍占 60% ~70%。航空铝合金发展趋势是:①强度和断裂韧性协同提高;②强度与腐蚀性能协同提高;③高强度高韧性高损伤性容限;④超强高淬透性,调控弥散相,提高过饱和固溶体的稳定性。

2.2.1 铝合金国外的发展状况

航空铝合金的发展既受飞机性能改进的需求牵引,也受材料自身技术发展的推动。按飞机对结构材料的需求牵引,可将航空铝合金的发展大致划分为 5 个阶段。一代铝合金材料,一代飞机。

1. 静强度需求阶段(1906 年至 20 世纪 50 年代末)

沉淀硬化技术的发明催生了第一代静强度铝合金,典型铝合金为 2024 - T3,7075 - T6 和和 7178 - T6。

在航空工业初期,飞机设计对机体材料的要求只是简单的高的静强度,目的在于减小结构重量,提高载重量和航程。在此期间,研制和开发了 2014 合金、2017 合金,随后又研制了2024 -T3(2024 铝合金固溶处理后进行冷加工,再经自然时效至基本稳定的状态)合金,至 20世纪 30 年代,2024 合金在飞机上得到了广泛的应用。第二次世界大战(以下简称二战)期间,为获得更高的机体材料强度,研制了高强度 Al - Zn - Mg - Cu 系合金 7075 - T6(7075 固溶处理后进行人工时效得到的合金),随后又研制了更高强度的 7178 - T6(7178 固溶处理后进行人工时效得到的合金)合金。这些合金在 20 世纪 60 年代以前广泛应用于民用及军用飞机上。

2. 抗腐蚀性能需求阶段(20 世纪 60 年代)

过时效制度的发明产生了第二代耐蚀铝合金,典型铝合金为 7075 - T73,7075 - T76,解决了短横向应力腐蚀开裂问题。

由于飞机上开始使用厚大截面的结构,出现了机体结构的应力腐蚀问题,对机体材料的需求除满足静强度外,还需满足抗腐蚀性能。2024 - T3,7075 - T6 合金在短横向都有应力腐蚀开裂倾向。7XXX 系铝合金的应力腐蚀问题由于 7075 - T73(人工时效状态)的研制成功而得到解决,但同时牺牲了约 15％的静强度,随后又研制了在牺牲较小强度的条件下可一定程度满足抗腐蚀性能要求的 7075 - T76(固溶处理,然后进行人工时效)状态。20 世纪 60 年代,7075 - T73,7075 - T76 合金在飞机上获得广泛应用。

3. 综合性能需求阶段(20 世纪 60 年代末至 20 世纪 70 年代末)

纯净化技术进步带动了第三代高纯的高强度高韧性铝合金发展,典型铝合金为 7475,7050,2124,2224,2324 等,解决耐蚀性和韧性问题。

受飞机失效-安全设计的影响,对材料提出了高断裂韧度的要求,在这种需求牵引下,美国首先研制了 7475 合金。为进一步满足厚大截面结构强度和应力腐蚀性能的要求,Alcoa 公司研制了 7050 - T74(固溶处理,然后过人工时效)合金。20 世纪 70 年代后期,飞机设计提出了机体结构材料在具有高强度的同时应具有高的断裂韧度和优良的抗疲劳性能。Alcoa 联合 Boeing 公司研制了 7050 改型合金 7250 - T6(固溶处理后再经人工时效处理),随后,为满足腐蚀性能要求,又研制了 7150 - T61(温水下进行淬水,再经过人工时效)。2XXX 系铝合金方面,Alcoa 研制了高强度 2324 - T39 厚板(固溶处理,适量的冷加工变形以满足既定的力学性能要求,冷加工可在自然时效前进行,也可在其后进行)以及 2224 - T3511 挤压件(固溶处理,通过一定控制量的拉伸,并自然时效),产品在拉伸后做小量的校直,以便符合标准的公差,以获得高的断裂韧性而强度不低于 2024 - T3。这些合金都得到了广泛应用。在此期间,苏联先后研制成功了一系列高纯铝合金,并在军用飞机上广泛应用。

4. 强烈的减重需求和高可靠性需求阶段(20 世纪 80 年代初至 20 世纪 90 年代初)

多级时效热处理技术带动了第四代超强高韧耐蚀铝合金的发展,典型铝合金为 7150 - T77,7055 - T77,2524 - T3。通过降低 Fe,Si 等杂质的含量、添加微合金化元素调控多相组织,在不牺牲合金强度的同时具有满足要求的断裂韧性、抗疲劳、抗腐蚀和耐损伤性能的目标。同时通过降低 Li 含量,设计新的 Al - Li 合金体系,发展了 2099,2199,2196,2098,2198,2097,2197 等第三代高韧性 Al - Li 合金。

由于能源危机及为提高军用飞机战斗力,对飞机设计提出了强烈的减重要求,另外,钛合金、树脂基复合材料(Resin Matrix Composites,RMC)逐渐兴起,铝合金面临极大的挑战,这些都大大激发了非传统铝合金的研制及传统铝合金的挖潜工作。非传统材料主要包括铝锂合金、快速凝固耐热铝合金及铝基复合材料等,这些材料目前离大规模应用还有一定距离。在传统铝合金方面,为满足飞机减重需求,主要从提高合金比强度方面出发。Alcoa 首先研制成功了 7150 合金的 T77(回归再时效处理)热处理状态,该状态第一次在铝合金中实现了在满足腐蚀性能的同时不牺牲合金强度的目标。随后 Alcoa 又研制成功了超高强度的 7055 - T77 合金及具有优良疲劳性能的 2524 - T3(固溶处理后经由冷加工再经自然时效处理)合金。这些高性能铝合金的出现极大地推动了航空铝合金的应用与发展,许多人们原来预测使用复合材料和钛合金的部位结果仍选用了高性能铝合金,这在 B777,C - 17,F - 35 等飞机机型上得到体现。

5. 降低制造成本的需求阶段(20 世纪 90 年代初至今)

整体结构成型技术推动了新一代高淬透性与可焊接铝合金的发展,通过调整主合金元素比例,优化微合金元素,发展了高淬透性超强高韧耐蚀 7085 合金,用于厚截面整体结构件制造。

由于制造成本占飞机机体结构成本的 95％ 左右,因而降低制造成本成为机体材料研制的主要目标。2003 年,Alcoa 提出"20—20"计划,目标是降低重量和成本,使各占 20％,途径是发展整体或可焊接结构及相关低密度可焊接铝合金材料与成型技术。最初始的目标是在不改变现有飞机结构设计的基础上,减少结构成本 25％,为达到这个目标,西方国家开展的主要工作有以下几方面。

(1)以整体机加工件代替锻件或多零件装配而成的结构部件;

(2)开展机翼的高温时效成型和高强度铝合金的快速超塑成型;

(3)开展可焊接铝合金和铝合金焊接技术的研究;

(4)用优质铸件制造复杂构件以减轻结构重量和降低制造成本;

(5)开展低成本高性能铝锂合金研究以及开展铝基复合材料的研究等。

欧美国家航空铝合金的发展及应用可以参见表 2.2。

表 2.2　欧美铝合金发展及应用情况

发展年代	2XXX 系合金	7XXX 系合金	应用情况	
			军用飞机	民用飞机
20 世纪 20 年代	2017－T4	—	Junker F－13	
20 世纪 30 年代	2024－T3	—	DC－3,B－24	
20 世纪 40 年代	2024－T3	7075－T6,7178－T6	B－29	
20 世纪 50 年代	2024－T3	7075－T6,7178－T6,7079－T6	B－52,F100,F4	B707
20 世纪 60 年代	2024－T3	7075－T73,7075－T76	F－15	B737,B747
20 世纪 70 年代	前期:2024－T3	前期:7475 合金	F－16	—
	中期:2024－T3	中期:7075－T74,7010－T74	A6,F/A18,幻影－2000	A300
	后期:2224－T3511,2124－T851,2324－T39	后期:7150－T6,7150－T61	—	B757
20 世纪 80 年代	2024－T3,2124－T851,2224－T3511	7075－T74,7075－T76	F－22	—
20 世纪 90 年代至今	2524－T3	7150－T77,7050－T77	C－17,F－35,A400M	B777,A340,A350,A380

2.2.2　铝合金国内的发展状况

新中国成立前中国几乎没有航空工业,仅在上海龙华等地有小规模工厂,修理从美国购买的军用飞机和民用飞机。中国航空铝合金的研制是从 20 世纪 50 年代起步的,基本属于跟踪型。1980 年以前主要跟踪苏联,从 1980 年起主要跟踪美国的研究,目前处于以自主研发为主的新阶段。因此,根据国外航空铝合金的发展状况,中国航空铝合金发展历程在其基础上可分为四个阶段。

1. 1950 — 1979 年静强度需求阶段

从 1956 年开始试制苏联主要的航空用铝合金,以 2×××系的 A16 合金与 7×××系的 B95 合金为主线,试制成功了 2A12(相当于 A16)及 7A04(相当于 B95)铝合金,其板材如图 2.2 所示。但热处理状态仅有自然时效状态 T4(固溶处理后自然时效处理)和简单的人工时效状态 T6(固溶处理后再经人工时效处理)。这两种合金在中国 1980 年以前航空工业中获得应用,东北轻合金有限责任公司从 1957 年开始、中铝西北铝加工分公司从 1968 年开始、西南铝业(集团)有限责任公司从 1971 年开始可向航空工业批量提供以这两种合金为代表的各种传统铝合金的各个品种与规格材料,它们在歼 5、歼 6、歼 7 等飞机上得到大量应用。

(a)   (b)

图 2.2   2A12 及 7A04 铝合金板材

(a)2A12 铝合金;   (b)7A04 铝合金

2. 1980 — 1986 年抗腐蚀性能高的合金需求

为向航空工业提供抗应力腐蚀开裂能力高的铝合金材料,研制成功了 7A09 - T6 铝合金(与 7075 铝合金相当),其板材如图 2.3 所示。各项工艺性能与抗腐蚀性能均优于 7A04 铝合金的,可加工成各种半成品,后又试制成功 T73(人工时效状态)及 T74(固溶处理后调整耐应力腐蚀龟裂性能,使介于 T73 和 T76 中间的过时效处理)状态的材料,用作战斗机的主承力结构,全面替代 7A04 - T6 铝合金,在歼 - 7、歼 - 8 系列飞机中得到广泛应用,目前在飞机上仍有较多的应用。在此阶段还试制成功抗腐蚀性能高的 7A33 铝合金,其强度与 2A12 铝合金的相当,不但无晶间腐蚀倾向,并且有高的抗应力腐蚀开裂与抗剥落腐蚀能力,在中国生产的水上飞机与两栖飞机中用于替代 2A12 铝合金用作蒙皮结构件。

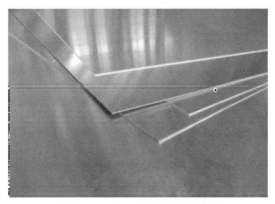

图 2.3   7A09 - T6 铝合金板材

3. 1987 — 1997 年全面跟踪美国先进铝合金研发阶段

为满足飞机设计改型和研制新飞机对机体铝材综合性能及多品种、多规格、多热处理状态的需求,中国全面启动了对 7075 - T73,7075 - T76,2024 - T3,2024 - T6,2024 - T8(固溶处理后经冷加工,然后进行人工时效的状态),7475 - T73,7475 - T76,2124 - T851(固溶处理,并通过一定控制量的拉伸以消除应力,拉伸的恒定状态对于薄板为 0.5% 至 3%;对于板为 1.5% 至 3%;对于轧制的或冷精加工的棒或杆为 1% 至 3%;对于手工锻件或轧制环为 1% 至 5%。然后进行人工时效,产品在拉伸后不再做进一步的校直),2224 - T39(固溶处理并进行一定量的冷作,以得到所规定的力学性能,冷作可在自然时效以前或以后进行),7175 - T74(固溶处理后进行人工过度时效)铝合金材料的研究。20 世纪 80 年代中期同时兴起了跟踪欧美非传统铝合金材料的研究,主要对象铝锂合金、快速凝固铝合金及铝基复合材料,不过这些材料目前仍处于研究完善提高、试生产与试用考核阶段,距批量生产与大规模应用还需要一些时日。

2.2.3   铝合金国内的自主创新路径

由于铝合金材料在航空工业中的大量应用,且随着航空器对结构件的要求越来越高,跟踪研究已跟不上新时代发展的步伐,自主创新铝合金材料迫在眉睫。目前,自主创新研究发展铝合金材料主要是围绕强度、刚度、耐热性、耐蚀性、长的使用期限、低成本制造成型技术等而展开的。

1. 强度与刚度

目前材料工作者采取以下主要措施。

(1)提高合金化元素含量,但增加合金元素含量会给合金的熔炼、铸造、加工、成型等带来一系列困难,对合金的抗腐蚀性能、断裂韧度、疲劳性能等都可能有不利影响。

(2)对合金进行微合金化,此举被认为是最可取的有效措施之一,如向 Al - Mg 系及 Al - Zn - Mg - Cu 系合金添加质量分数小于 0.5% 的 Zr 或 Sc 等元素,向 Al - Li 合金添加 Zr,Sc,Zn,Ag 等元素。

(3) 热处理,主要是开展多级、分步固溶、时效处理,在满足抗腐蚀性等要求前提下,尽量提高合金的强度性能。

(4)采用新的制造技术——喷射沉积技术和粉末冶金法制备合金锭坯,后一工艺可以获得强度很高的合金,但是成本高,不易制备大构件;而喷射沉积法被认为是发展下一代高强度铝合金较好的技术,能以相对低的制备成本生产大型锭坯,提高铝合金强度。

2. 耐热性

随着民用客机的飞行速度提高,对铝合金结构件的耐热性提出了一定的要求。目前关于耐热性的研究主要集中在以下几方面。

(1)向低合金化的 2××× 系合金添加少量的 Fe 和 Ni,如新近研发的 2650 铝合金,可用于制造超音速飞机的蒙皮。

(2)向传统 2××× 合金添加微量特殊合金化元素例如 Ag,美国的 C415 铝合金(科研人员在 2519 合金的基础上开发出来的 Al - Cu - Mg - Ag 系合金)是美国铝业公司研发的此种合金。

(3)采用粉末冶金法、喷射沉积法制备耐热合金,此种方法有可能成为未来制备高温铝合金的主要工艺。

3. 可靠性与长期服役性

为了飞机有高的可靠性与尽可能长的使用期限,要求材料具有高的断裂韧度、抗疲劳强度与抗腐蚀性能,采取的主要措施如下。

(1)提高合金的纯净度。

(2)严格控制合金成分、减少难熔相、过剩相数量。

(3)改变现行热处理制度参数与开发新的热处理工艺成为研究重点之一。

(4) 多级时效提高铝合金抗腐蚀性能、强度、韧度、疲劳性能。除以上的方法外,还可以采用阳极氧化处理、涂漆、喷粉、贴膜等技术进行表面防护,提高铝合金的抗腐蚀性能。

4. 减重

铝合金对飞机减重有两方面意义:一是减轻铝合金本身的绝对质量,二是提高铝合金的比强度。常用的减重措施有以下几项。

(1)提高合金的比强度,开发高强度合金,如美国的 7075 铝合金,苏联的 B96 铝合金,以及用喷射沉积法生产的一些高成分铝合金。

(2) 开发 Al - Li 合金,目前已研制成功一系列 2××× 系的、5××× 系的、8××× 系的 Al - Li 合金,并在航空航天器制造中获得应用。中国天宫一号资源舱舱段的结构部分用 Al - Li 合金材料代替传统材料,为舱段成功减重 10% 以上;C919 大型客机机身等直段部件采用的也是 Al - Li 合金。苏联研发的 1420 系列 Al - Li 合金的强度虽然不高,但是密度低,在制造承力件及非承力件方面获得广泛应用。采用粉末冶金法可制备密度很低的 Al - Li 合金,如 Al905XL 等。今后 Al - Li 合金的发展趋势是提高其比强度,降低生产成本,加强废料回收与利用。

(3)蜂窝铝结构及泡沫铝构件,蜂窝铝结构在航空器制造中已获得成功应用,但铝箔制备的结构件,生产成本较高,目前正在开发用泡沫铝取代蜂窝结构的研究工作。采用先进铝合金和铝-锂合金以及整体结构设计与先进成型技术是实现飞机结构减重的有效途径。

5. 新型 2××× 和 7××× 铝合金的自主创新

(1)2××× 耐损伤铝合金。2××× 系铝合金主要分为 2A11(LY11),2A12(LY12),2A16(LY16),2A70(LD7),2A14(LD10)等。该系铝合金中以 2524 合金为基础发展的新合

金,通过微合金化、纯净化、形变热处理,裂纹扩展速率比 2524 降低 15%～20%,已完成蒙皮典型件制造与功能考核。以 2519 为基础发展的新合金,提高 Cu 含量、微合金化、强应变预变形热处理,强度提高了 10%,抗应力腐蚀性能提高了 20%,耐热温度达 200 ℃。

目标:2××× 高损伤容限铝合金抗拉强度 σ_b = 450 MPa,裂纹扩展速率 da/dN 由≤ 3.0 ×10^{-3} mm/cycle 降低到≤ 2.0 ×10^{-3} mm/ cycle（ ΔK = 33 MPa·m$^{1/2}$）。

(2)7××× 超强合金。7××× 系铝合金主要包括 7A04（LC4）,7A09（LC9）,7A10（LC10）等。以 7055 为基础发展新合金,通过微合金化、高温预析出热处理调控组织性能。与 7055 相比,强度提高 10%,剥落腐蚀由 EB 级提高到 EA 级,K_{IC} 提高 50%。已制成区电工程用天线管。以 7075 为基础发展新合金,通过降低 Fe 和 Si 含量及其比例、微合金化、双级均匀化、双级固溶热,强度和韧性达到 7055 水平。已用于我国卫星,神舟飞船。

目标:7××× 超强铝合金抗拉强度 σ_b 由 650 MPa 提升到 700 MPa,断裂韧性 K_{Ic}≥ 30 MPa·m$^{1/2}$,耐蚀性由 EB 级提到 EA 级。

2.2.4　国内铝合金与国外铝合金性能比较

我国自主生产的铝合金中,通过模仿跟踪国外先进水平的占多数,通过与跟踪目标的性能比较,可以看出我国跟踪生产的铝合金材料性能并不逊色国外同类产品。我国具有第一代、第二代铝合金批生产能力。表 2.3 是我国 2A12（LY12）类铝合金的力学性能与美国 2024 类铝合金相比较,可以看出,它们的力学性能基本相当。

表 2.3　2A12(LY12)铝合金与美国 2024 铝合金力学性能对比

合金状态	厚度 mm	抗拉强度 σ_b MPa	屈服强度 $\sigma_{0.2}$ MPa	延伸率 δ （%）
LY12 - CZ	0.2～6.32	407～426	270～279	10～13
LY12 - BCZ	0.3～10	441	289	10～13
LY12 - CYZ	2.5～6.5	456	343	8
2024 - T3	0.2～6.32	434～441	289	10～15
2024 - T351	6.35～101.6	441～393	289～282	12～14
2024 - T851	6.35～38.07	462～455	400～393	5

我国生产的 2024 铝合金型材性能是满足 ASTM 标准的,表 2.4 是部分 2024 铝合金的性能参数。

表 2.4　2024 铝合金的性能参数

合金状态	厚度 mm	抗拉强度 σ_b MPa	屈服强度 $\sigma_{0.2}$ MPa	延伸率 δ （%）
T81	1.27～6.32	440	385	4
T8511	≥38.1	455	400	5

我国生产的 2024 薄板性能也满足 AMS 规范要求,表 2.5 是部分 2024 铝合金的性能参数。

表 2.5 **2024 铝合金的性能参数**

合金状态	厚度 mm	方向	抗拉强度 σ_b MPa	屈服强度 $\sigma_{0.2}$ MPa	延伸率 δ （％）
T42	0.5～1.57	L-T	390	233	15
	1.6～6.32	L-T	415	247	15
T62	0.5～1.57	L-T	415	323	5
	1.6～5.9	L-T	425	336	5

2.2.5 支撑我国航空工业发展的自主生产的铝材

我国自主生产的铝合金铸件在现代飞机结构件中,约有 1 500～2 000 种,根据飞机使用条件和部位的不同,主要可分为高强度铝合金、耐热铝合金、耐腐蚀铝合金三类。高强度铝合金主要用于飞机机身部件、发动机舱、座椅、操纵系统等;耐热铝合金零件主要用于靠近电动机的机舱、空气交换系统等;耐蚀铝合金具有足够高的性能指标,其强度、塑性、冲击韧性、疲劳性能和可焊性都很好,更主要的是其具有优异的耐蚀性,可用于水上飞机。生产的第一代、第二代铝材支撑了我国航空工业的发展,表 2.6 是第一代、第二代铝合金的相关情况。

表 2.6 **第一、二代铝合金的应用情况**

合金牌号	主要状态	主要品种规格/mm	应用机型
2A11 LY11	CZ	板:0.1～12 棒:$\Phi9$～80 管:G8×1～110×15 棒:$\Phi5$～200	歼-7E
2A12 LY12	CZ CZ	板:0.3～85 管:G6×1～165×22.5 型材:XC01～XC616	歼-8Ⅱ,歼-10,轰-6,运-7,运-8,运-10
2A16 LY16	CZ,CYZ CS,CYS	板:0.8～24, 型材:XC01-2～6339-6	歼-8Ⅱ,歼-10,歼轰-7,运-7
2A70 LD7	CS	棒:$\Phi18$～180 模锻件:1750×200×70 预拉伸板:～60	歼-8Ⅱ,歼-10,歼轰-7
7A04 LC04	CS CS	棒:$\Phi5$～200 型材:XC111～XC513 锻件 板:0～10	轰-6,运-7,运-8,运-10
7A09 LC09	CS	棒:$\Phi5$～250 锻件	歼-8Ⅱ,歼-10,歼轰-7

目前,我国已经实现了第三代高性能铝材的批量生产,生产的铝合金各方面性能见表2.7。

表 2.7　第三代铝合金性能

合金牌号	热处理状态	抗拉强度 σ_b MPa	屈服强度 $\sigma_{0.2}$ MPa	延伸率 δ (%)	断裂韧性 K_{IC} (MPa·m$^{1/2}$)			剥蚀等级	板厚 mm
					L-T	T-L	S-L		
7050	T7651	541	485	11.6	L-T	T-L	S-L	≤EB	50
	T74	525	470	—	34.1	27.8	—	—	厚板
7B04	T7351	519	449	12.7	—	—	—	—	厚板
	T7451	530	506	12.2	44	36	—	—	厚板
	T76511	—	500		34.7				25

此外,第三代铝合金中生产的铝合金铸锭规格为:7050 扁锭 400~440 mm,圆锭 Φ300~500 mm。7050 板材厚度为:18 mm,23 mm,30 mm,35 mm,40 mm,60 mm,80 mm,宽 2.5 mm。7475-T7351 为中厚板,厚 14~17 mm,宽 3.1 m,是满足 AMS 标准的。

围绕大飞机工程,正开展第三、第四代高性能大规格铝材制备关键技术的工程化研究。目前,为了制造国产大飞机,国内做了大量相关的研究,并取得大量的成果。如通过熔铸技术,可制备 150 mm 厚的 7050 特厚板。而 40 t 以上锻件正在突破大扁锭(620 m×1 600 m×5 000 m)和大圆锭(Φ500~850 m)成分均匀化和大锭成品率低的问题。通过塑性加工技术,正在突破大规格高性能铝材及够件(厚板 120~200 mm,型材、锻件)加工技术,解决组织性能均匀化、残余应力最小化的问题。

2.3　典型牌号的铝合金在航空领域中的应用

铝合金的牌号根据 GB/T 3190—2008 和 GB/T 1173—1995 规定有许多种。其中,变形铝合金可分为不可热处理强化的防锈铝和可热处理强化的硬铝、超硬铝和锻铝四种。变形铝合金的牌号采用四位字符体系牌号命名方法。第一、三、四位为阿拉伯数字,第二位为英文大写字母(C,I,L,N,O,P,Q,Z 字母除外),牌号的第一位表示铝合金的组别,最后两位数字没有特殊意义,仅用以标识同一组中不同的铝合金。除改型合金外,铝合金组别按主要合金元素 Cu,Mn,Si,Mg,Mg$_2$Si,Zn,其他元素的顺序来确定合金组别。铝合金的牌号用 1××× ~8××× 系列表示,牌号的第二位字母表示铝合金的改型情况,如果牌号的第二位字母为 A,则表示为原始合金。如果是 B~T 的其他字母则表示为原始合金的改型合金。有时变形铝合金产品的牌号后面还附加有表示合金加工与热处理状态的字母。在所有系列中 1××× 系列属于含铝量最多的一个系列,纯度可以达到 99.00% 以上,属于工业纯铝。具有密度小、导电性好、导热性高、熔解潜热大、光反射系数大、热中子吸收界面积较小及外表色泽美观等特性。表面能形成氧化膜,具有较好抗蚀性。不能热处理,只能冷作硬化提高强度,强度低。由于不含有其他技术元素,所以生产过程比较单一,价格相对比较便宜,是目前常规工业中最常用的一个系列。8××× 系是以 Fe 为主要元素的铝合金,大部分应用为铝箔,目前尚无广泛应用,这里不做介绍。

2.3.1 2×××系合金

以 Cu 为主要合金元素的铝合金,包括 Al - Cu - Mg 合金、Al - Cu - Mg - Fe - Ni 合金、Al - Cu - Mn 合金等,这些合金均属于可热处理强化合金,特点是强度高(常称硬铝合金)、耐热性能和加工性能良好,但耐蚀性不如多数其他合金,在一定条件下会产生晶间腐蚀,往往需要包覆一层纯铝,以提高其耐腐蚀性能。该系铝合金主要用来制作飞机大梁、空气螺旋桨、铆钉及蒙皮等,其典型牌号在航空领域中的应用见表 2.8。

表 2.8 2×××系合金典型牌号及其在航空领域中的应用

牌　　号	航空领域中的应用
2014	应用于要求高强度与硬度(包括高温)的场合。飞机重型、锻件、厚板和挤压材料,车轮与结构元件,多级火箭第一级燃料槽与航天器零件,卡车构架与悬挂系统零件
2017	是第一个获得工业应用的 2×××系合金,目前的应用范围较窄,主要为铆钉、通用机械零件、结构与运输工具结构件,螺旋桨与配件 2024 飞机结构、铆钉、导弹构件、卡车轮毂、螺旋桨元件及其他种种结构件
2023	飞机结构
2048	航空航天器结构件与兵器结构零件
2124	航空航天器结构件
2218	飞机发动机和柴油发动机活塞,飞机发动机汽缸头,喷气发动机叶轮和压缩机环
2219	航天火箭焊接氧化剂槽,超音速飞机蒙皮与结构零件,工作温度为 −270～300 ℃。焊接性好,断裂性高,T8(固溶处理后经冷加工,然后进行人工时效的状态)状态有很高的抗应力腐蚀开裂能力
2618	模锻件与自由锻件。活塞和航空发动机零件
2A01	工作温度小于等于 100 ℃的结构铆钉
2A02	工作温度 200～300 ℃的涡轮喷气发动机的轴向压气机叶片
2A06	工作温度 150～250 ℃的飞机结构及工作温度 125～250 ℃的航空器结构铆钉
2A10	强度比 2A01 合金的高,用于制造工作温度小于等于 100 ℃的航空器结构铆钉
2A11	飞机的中等强度的结构件、螺旋桨叶片、交通运输工具与建筑结构件,航空器的中等强度的螺栓与铆钉
2A12	航空器蒙皮、隔框、翼肋、翼梁、铆钉等,建筑与交通运输工具结构件
2A16	工作温度 250～300 ℃的航天航空器零件,在室温及高温下工作的焊接容器与气密座舱
2A17	工作温度 225～250 ℃的航空器零件
2A50	形状复杂的中等强度零件
2A60	航空器发动机压气机轮、导风轮、风扇、叶轮等
2A70	飞机蒙皮,航空器发动机活塞、导风轮、轮盘等
2A80	航空发动机压气机叶片、叶轮、活塞、涨圈及其他工作温度高的零件
2A90	航空发动机活塞

2.3.2　3×××系合金

以 Mn 为主要合金元素的铝合金,属于不可热处理强化合金,塑性高,焊接性能好,是一种耐腐蚀性能良好的中等强度铝合金,其典型牌号在航空领域中的应用见表 2.9。

表 2.9　3×××系合金典型牌号及其在航空领域中的应用

牌　号	航空领域中的应用
3003	用于加工需要有良好的成型性能、高的抗蚀性可焊性好的零件部件
3A21	飞机油箱、油路导管、铆钉线材等;建筑材料与食品等工业装备等

2.3.3　4×××系合金

以 Si 为主要合金元素的铝合金,多数不能热处理强化。该合金熔点低,熔体流动性能好,容易补缩,并且不会使最终产品产生脆性。4×××系列铝棒代表为 4A01 - 4000 系列的铝板属于含硅量较高的系列。通常硅含量在 4.5%～6.0% 之间。属建筑用材料,机械零件,锻造用材,焊接材料,低熔点,耐蚀性好,具有耐热,耐磨的特性。其典型牌号的应用见表 2.10。

表 2.10　4×××系合金典型牌号及其在航空领域中的应用

牌　号	航空领域中的应用
4032	此合金耐热性、耐摩性良好,热膨胀系数小。活塞、汽缸头、锻件及耐热零件
4043	此合金凝固收缩少,用硫酸阳极氧化处理呈灰色之自然发色。熔接线、建筑嵌板

2.3.4　5×××系合金

以 Mg 为主要合金元素的铝合金,含镁量在 3%～5% 之间,又可以称为铝镁合金,属于不可热处理强化铝合金。该系合金密度小,属于中高强度铝合金,疲劳性能和焊接性能良好,耐海洋大气腐蚀性能好。在相同面积下铝镁合金的重量低于其他系列。在常规工业中应用也较为广泛。在我国 5×××系列铝板属于较为成熟的铝板系列之一,其典型牌号在航空领域应用见表 2.11。

表 2.11　5×××系合金典型牌号及其在航空领域中的应用

牌　号	航空领域中的应用
5052	此合金有良好的成型加工性能、抗蚀性、可烛性、疲劳强度与中等的静态强度,用于制造飞机油箱、油管等
5A02	飞机油箱与导管,焊丝,铆钉,船舶结构件
5A05	焊接结构件,飞机蒙皮骨架

2.3.5　6×××系合金

以 Mg 和 Si 为主要合金元素并以 Mg_2Si 为强化相的铝合金,属于可热处理强化铝合金。该系合金具有中等强度,耐蚀性高,无腐蚀破裂倾向,焊接性能良好,焊接区腐蚀性能不变,成型性和工艺性能良好。其典型牌号的应用见表 2.12。

表 2.12　6×××系合金典型牌号及其在航空领域中的应用

合　金	航空领域中的应用
6066	锻件及焊接结构挤压材料
6070	重载焊接结构与汽车工业用的挤压材料与管材
6101	公共汽车用高强度棒材、电导体与散热器材等
6151	用于模锻曲轴零件、机器零件与生产轧制环,供既要求有良好的可锻性能、高的强度,又要有良好抗蚀性之用
6205	厚板、踏板与耐高冲击的挤压件
6351	车辆的挤压结构件,水、石油等的输送管道
6A02	飞机发动机零件,形状复杂的锻件与模锻件

2.3.6　7×××系合金

以 Zn 为主要合金元素的铝合金,属于可热处理强化铝合金。加 Mg,则为 Al-Zn-Mg 合金,具有良好的热变形性能,淬火范围很宽,在适当的热处理下能够得到较高的强度,焊接性能良好是高强度可焊接铝合金。目前其室温强度很高,强度值高达 $500 \sim 700$ MPa,这类合金除了强度高处,韧性储备也很高,又具有良好的工艺性能,是飞机工业中重要的结构材料,其典型牌号在航空领域用途见表 2.13。

表 2.13　7×××系合金典型牌号及其在航空领域中的应用

合　金	航空领域中的应用
7005	挤压材料,用于制造既要有高的强度又要有高的断裂韧性的焊接结构,如交通运输车辆的桁架、杆件、容器;大型热交换器,以及焊接后不能进行固熔处理的部件;还可用于制造体育器材如网球拍与垒球棒
7039	冷冻容器、低温器械与贮存箱,消防压力器材,军用器材、装甲板、导弹装置
7049	用于锻造静态强度与 7079-T6 合金的相同而又要求有高的抗应力腐蚀开裂能力的零件,如飞机与导弹零件——起落架液压缸和挤压件。零件的疲劳性能大致与 7075-T6 合金的相等,而韧性稍高
7050	飞机结构件用中厚板、挤压件、自由锻件与模锻件
7075	用于制造飞机结构及其他要求强度高、抗腐蚀性能强的高应力结构件、模具制造
7175	锻造航空器用的高强度结构件

续表

合　金	航空领域中的应用
7178	供制造航空航天器的要求抗压屈服强度高的零部件
7475	机身用的包铝的与未包铝的板材,机翼骨架、桁条等。其他既要有高的强度又要有高的断裂韧性的零部件
7A04	飞机蒙皮、螺钉以及受力构件如大梁桁条、隔框、翼肋、起落架等

2.4　铝合金在民用客机上的应用实例

从 B707 客机发展到以 B777 客机和 A380 客机为代表的新一代飞机,国外大型民用客机的主体结构材料发生了很大变化,但在目前正在使用的民用客机中,还在大量使用铝合金,甚至占着主体地位。2224,2524,7050,7055 等铝合金成功运用在 B777 客机和 A380 客机的机翼、蒙皮、桁架和座椅滑轨等结构处,满足结构所需的性能要求。目前最新的 A350XWB 客机的地板梁、翼肋及起落架舱门也是用铝合金制造的。表 2.14 是波音公司、麦道公司和空客公司不同时期大型客机的选材结构比例(%),铝合金结构比例最高。

表 2.14　一些民用客机选材结构比例(%)

机　型	首飞时间	铝合金	钢　铁	钛合金	复合材料	其　他
B747	1969 年	81	13	4	1	1
B757	1982 年	78	12	6	3	1
B767	1981 年	80	14	2	3	1
B777	1994 年	70	11	7	11	1
DC10	1970 年	78	14	5	1	2
MD11	1990 年	76	9	5	8	2
A300	1972 年	76	13	4	5	2
A320	1987 年	76.5	13.5	4.5	5.5	—
A340	1991 年	75	8	6	8	3
A380	2005 年	61	5	10	22	2

对于不同型号的铝合金在民用客机不同部位的应用实例如表 2.15 所示,可见在不同时期不同型号大型客机上铝合金都得到了普遍的应用。

表 2.15　铝合金在民用客机上的应用实例

机　型	机　身		机　翼			尾　翼	
	蒙皮	桁条	部位	蒙皮	桁条	垂直尾翼蒙皮	水平尾翼蒙皮
L - 1011	2024 - T3	7075 - T6	上 下	7075 - T6 7075 - T76	7075 - T6 7075 - T6	7075 - T6	7075 - T6

续表

机 型	机 身		机 翼			尾 翼	
	蒙皮	桁条	部位	蒙皮	桁条	垂直尾翼蒙皮	水平尾翼蒙皮
DC-3-80	2024-T3	7075-T6	上 下	7075-T6 2024-T3	7075-T6 2024-T3	7075-T6	7075-T6
DC10	2024-T3	7075-T6	上 下	7075-T6 2024-T3	7075-T6 7178-T6	7075-T6	7075-T6
B737	2024-T3	7075-T6	上 下	7178-T6 2024-T3	7075-T6 2024-T3	7075-T6	7075-T6
B727	2024-T3	7075-T6	上 下	7075-T6 2024-T3	7075-T6 2024-T3	7075-T6	7075-T6
B747	2024-T6	7075-T6	上 下	7075-T6 2024-T3	7075-T6 2024-T3	7075-T6	7075-T6
B757	2024-T3	7075-T6	上 下	7075-T6 2324-T39	7150-T6 2224-T6	7075-T6	2024-T3 7075-T6
B767	2024-T3	7075-T6	上 下	7150-T6 2324-T39	7150-T6 2324-T39	7075-T6	7075-T6
A300	2024-T3	7075-T6	上 下	7075-T6 2024-T3	7075-T6 2024-T3	7075-T6	7075-T6

2.4.1 铝合金在 B747 客机上的应用

为了进一步形象地描述出铝合金在民用客机不同部位的使用情况,以波音公司的 B747 客机为例,介绍铝合金的应用情况,如图 2.4 所示。表 2.16 为铝材在 B747 客机上的应用情况。

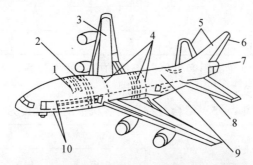

图 2.4　铝材在 B747 客机上的应用部位示意图

1-桁条;2-骨架;3-翼盒;4-主骨架;5-升降舵与主向舵;6-垂直安定面、蒙皮与桁条;
7-中发动机支架;8-水平安定面整体加强壁板;9-机身蒙皮;10-大梁

表 2.16　铝材在 B747 客机上的应用情况

序　号	部　件	铝合金应用情况
1	桁条	7075 - T6,包铝的
2	骨架	7075 - T6、7178 或包铝的 7178
3	翼盒	上表面 7075 - T76,包铝的；下表面 7075 - T6；翼梁帽 7075 - T76
4	主骨架	7075 - T6 锻件,包铝的 7075 - T6,7075 - T6 挤压型材
5	升降舵与主向舵	包铝的 2024 - T3
6	垂直安定面、蒙皮与桁条	包铝的 7075 - T6
7	中发动机支架	Ti6A14V,包铝的 2024 - T3,包铝的 2024 - T81
8	水平安定面整体加强壁板	7075 - T76,挤压的
9	机身蒙皮	包铝的 2024 - T3,包铝的 7075 - T76
10	大梁	4 个,7075 - T6 挤压型材

2.4.2　铝合金在 A300 客机上的应用

欧洲空中客车公司生产的大型民用飞机在铝合金的应用上与波音公司生产的飞机有略微不同,为了能直观介绍应用情况,以常见客机机型 A300 为例,铝合金在其上的应用部位如图 2.5 所示。

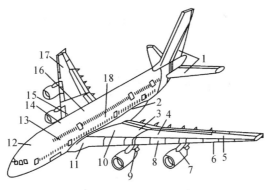

图 2.5　A300 客机上的铝合金部件示意图

1-垂直稳定翼紧固件；2-地板梁；3-机翼齿轮肋及支撑配件；4-翼梁(厚板)；5-上翼蒙皮；
6-下翼蒙皮；7-发动机吊架紧固件；8-襟翼紧固件；9-发动机吊架支撑结构；10-翼梁(锻件)；
11-机翼、机身连接件；12-下机架(hay landing)及支撑锻件；13-座位轨道；14-机身蒙皮；
15-机身连接件；16-机身纵梁；17-翼肋(厚板)；18-翼盒紧固件

2.4.3　铝合金在 A380 客机上的应用

A380 客机是当今世界最大的客机,最高效的载人飞机,为三级客舱布局,上下两层客舱共设 506 个座席。据称制造该机铝材采购量约 1 000 t,而铝制零部件的飞行质量约 100 t。在设计 A380 客机时,为了尽可能降低最大起飞质量(Maximum Take - Off Weight,MTOW),最大限度地使用了铝材,采购时铝材的质量占材料总采购量的 78%,而实际起飞时铝材质量仍占 66%,如图 2.6 所示。并且采用了一些新型铝合金如 6113 - T6,2524 - T3,C68A - T3,C68A - T36(固溶处理,冷加工约 6%,并自然时效)等。这几种合金的断裂韧性由大到小的顺序为 2524 - T3,C68A - T3,C68A - T36,6013 - T6,2024 - T3;而屈服强度由大到小的顺序为 C68A - T36,C68A - T3,6013 - T6,2024 - T3 及 2524 - T3。

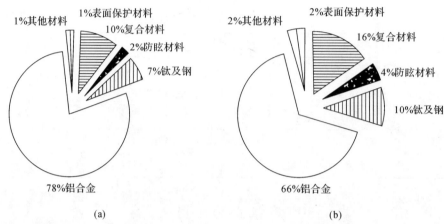

图 2.6　A380 客机在设计时各材料的采购比例与飞行时各材料的实际使用比例

(a)材料采购比;(b)材料飞行比

新型高强度铝合金 7085 的问世为特大锻件在 A380 上的应用开辟了道路。已有高强度铝合金的锻件或厚板的厚度均有一定限制,例如,7055 限于 38 mm,7150 虽较理想,其厚度也不允许大于 120 mm。为了能获得厚度更大的高强度铝合金锻件或厚板,美国 Alcoa 公司开创了一个具有专利权的 7085 铝合金,由于淬透性好,其最大厚度可达 300 mm。7085 合金制成的 A380 客机后翼梁是迄今为止最大的一个飞机模锻件,尺寸为 6.4 m×1.9 m,重约 3 900 kg。Alcoa 公司与飞机制造商合作制造一支线飞机的紧急出口舱门用的 7085 铝合金整体锻件,将零件数由 147 个减至 40 个,紧固件由 1 400 个减至 450 个,使装配时间减少 80%,生产占地面积减少 60%,成本降低 20%～25%,重量减轻 20%。此外,在生产制造过程中,大量采用激光焊接(Laser Beam Welding,LBW)代替铆接工艺,对降低结构自身质量也起到了很大作用。铝合金在机身及机翼中应用分别如图 2.7 和图 2.8 所示。

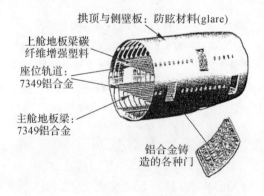

图 2.7　铝合金在 A380 客机机身上的应用

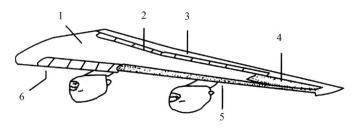

图 2.8 A380 客机机翼选材示意图

1—桁条;2—翼梁;3—阻流板、外折翼、副翼;

4—外翼;5—固体导流缘;6—前翼

表 2.17 是 A380 客机机翼各部件的选材情况。

表 2.17 A380 客机机翼各部件的选材情况

序号	部件	选材情况
1	桁条	7055 – T7×511
2	翼梁	7040 – T76,7010/7050 – T7651,C80A
3	阻流板、外折翼、副翼	复合材料
4	外翼	黏结金属片
5	固体导流缘	耐热塑料
6	前翼	2024 – HDT,IS249/262 – T351

表 2.18 是 A380 客机铝合金用材清单。

表 2.18 A380 客机铝合金用材清单

铝合金材料	状态	规格	应用部位
7055	T76,T79		翼肋
7449	T7951	厚板	
2024A	T351	厚板	
2050 铝锂合金	T84	中厚板	下蒙皮加强部位
7010	T7651	厚板	机翼外端上蒙皮、加强翼肋
7040	T7451	厚板	机身主加强框、风挡骨架、加强桁条
7040	T7651	厚板	机翼主梁
7449	T79511	挤压件	
2196 铝锂合金	T8511	挤压件	地板梁
2196 铝锂合金	T8511	挤压件(小截面)	地板骨架、加强筋条
7349	T6511	挤压件(小截面)	座椅滑轨、中央翼桁条
7349	T76511	挤压件(小截面)	机身桁条
6056	T78	挤压件(小截面)	
6056	T78	薄板	前压力框
6156Cl	T6	薄板	机身壁板结构
7085	T7X51		

2.4.4 铝合金在 B777 客机上的应用

B777 客机采用了高强度、高韧性、耐腐蚀铝合金。在飞机结构上,传统上习惯于在易于发生损伤的部位采用 2024 铝合金,在强度要求高的部位采用 7075 铝合金。据波音公司报道,自 1943 年以来,在 7075 和 2024 铝合金之后,约有 20% 的新型结构铝合金在波音飞机上获得广泛应用,如 7050 铝合金,其成分与 7075 铝合金的相比有较大变动,增加了 Zr,Cu 含量,而 Fe、Si 杂质大量降低,从而使该合金的强度、断裂韧性和抗应力腐蚀性明显优于 7075 铝合金,特别是其淬火敏感性低,因此很适于制造厚截面锻件。2324 - T39(固溶处理并进行一定量的冷加工,以得到所规定的力学性能,冷加工可在自然时效以前或以后进行)和 2224 - T3511 铝合金是在 2024 铝合金的基础上加以改进的,其断裂韧性和抗应力腐蚀性能都明显提高。

鉴于以往强度与抗腐蚀性、韧性不能兼顾的经验,人们努力寻求一种既保持抗蚀性,同时又不牺牲强度的工艺,基于这种称为 T77 的热处理状态生产出了 7150 - T7751(铝合金厚板)和 7150 - T77511(超硬铝合金)铝合金材料,它的强度与韧性和抗腐蚀性能结合良好,被选用于麦道公司的 C - 17 军用运输机。然而这种合金的强度仍不能满足需求,于是近些年又研制出一种强度更高,同时具备可接受的断裂韧性和抗腐蚀能力的新的 7055 - T77 铝合金材料,用于新型民航客机 B777。7055 铝合金的名义成分见表 2.19,其性能改善十分明显。7055 铝合金的比压缩屈服强度及比拉伸屈服强度比 7150 - T6 及 T77 铝合金的提高约 10%,强度比 7075 - T6 的提高大约 25%,比 7075 - T7(固溶处理后进行过时效的状态)的提高 40%。7055 - T7751 和 T77511 铝合金的抗腐蚀能力处于 7150 - T6 和 7150 - T77 铝合金之间。7055 - T7751 铝合金板材的平面应力断裂韧性值(K_{IC})比 7150 - T6/T77 铝合金的稍差,但二者的平面应变断裂韧性值(K_{IC})几乎相同。从以上可看出,调整合金成分及改进热处理状态是目前铝合金的改良途径。

表 2.19 7055 铝合金的名义成分表

质量分数 w_t (%)	Zn	Mg	Cu	Fe	Si	Al
	8.1	2.05	2.34	<0.15	<0.1	其他

由于机身材料的断裂韧性是关键,因此除了 7×××系改型铝合金外,波音公司在 B777 客机机身上还采用了 2×××- T3 铝合金,称为 C - 188。特点是抗蚀性好,其成分及生产方法均属专利。已知它与候选的 2091 - T3 及 8090 - T81(固溶处理后经冷加工约 1%,然后进行人工时效的状态)铝锂合金进行比较,长横向断裂韧性分别较之高 1/6 及 3/4。在同等强度条件下,韧性及抗裂纹扩展能力均较 2024 - T3 铝合金的提高 20%,同时具备良好的抗蚀性。

B777 - 200 客机各主要部件选择如图 2.9 所示。

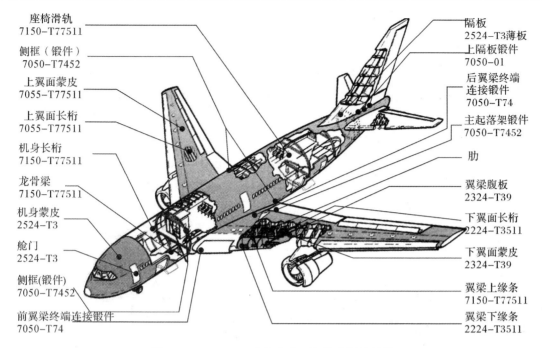

座椅滑轨
7150-T77511

侧框（锻件）
7050-T7452

上翼面蒙皮
7055-T77511

上翼面长桁
7055-T77511

机身长桁
7150-T77511

龙骨梁
7150-T77511

机身蒙皮
2524-T3

舱门
2524-T3

侧框(锻件)
7050-T7452

前翼梁终端连接锻件
7050-T74

隔板
2524-T3薄板
上隔板锻件
7050-01

后翼梁终端
连接锻件
7050-T74

主起落架锻件
7050-T7452

肋

翼梁腹板
2324-T39

下翼面长桁
2224-T3511

下翼面蒙皮
2324-T39

翼梁上缘条
7150-T77511

翼梁下缘条
2224-T3511

图 2.9　B777-200 客机各主要部件选择的材料

　　B777 客机的上翼面原打算采用铝锂合金,但由于铝锂合金的韧性不过关,于是改用 7055-T7751 铝合金,韧性提高 1/3。与美国波音公司相反,空中客车公司在 A330/A340 客机的次要结构用铝锂合金制造,铝锂合金在俄罗斯等其他国家的民用客机上也得到广泛应用。

　　从 B737 客机到 B767 客机,铝合金最成功的使用经验是:上翼面采用 7150-T651X 铝合金,下翼面用 2324-T39 和 2224-T3511 铝合金为最好,而厚锻件则应考虑 7050 铝合金。但这种经验的取得过程非常曲折。B777 客机的选材见表 2.20。

表 2.20　B777 客机主要部位选材

部　　位	材　　料
上翼面蒙皮	7055-T7751
翼梁弦	7150-T77511
长桁	7055-T77511
机翼前缘壁板	玻璃-碳/环氧
锻件	7150-T77
襟翼滑轨	Ti-10-2-3
机身蒙皮	C-188-T3
长桁	7150-T77511
龙骨	7150-T77511
座椅滑轨	7150-T77511

续表

部　位	材　料
地板梁	T800H/3900-2
尾翼翼盒	T800H/3900-2
起落架	高强度钢
起落架轮托架	Ti-10-2-3
起落架舱门	玻璃-碳/环氧混杂复合材料
轮	Michelin AIR X 子午线轮
尾喷管	β21S
尾锥	β215
后整流罩	β21S
刹车块	碳/碳复合材料
雷达天线罩	S-2玻璃环氧复合材料

第 3 章　铝锂合金及其在航空领域中的应用

3.1　铝锂合金概述

3.1.1　铝锂合金简介

锂(Li)是元素周期表中最轻的金属元素,密度为 0.534 g·cm^{-3}。铝锂合金是以锂作为主要合金元素的新型铝合金,锂的含量范围一般在 1.1%~2.8%。铝锂合金具有低密度、高屈服强度、高弹性模量等特点。研究表明,在铝中每加入 1%(质量比)的锂,可使合金的密度降低 3%,并增加弹性模量约 6%。与普通铝合金相比,在强度相当的情况下,密度降低约5%,弹性模量提高约 10%。铝锂合金具有非常好的抗疲劳性能如疲劳裂纹扩展速率低、断裂韧性高,同时具有良好的耐腐蚀性、超塑性、焊接性和优良的加工性能。

正因如此,铝锂合金就成为一种综合性能好、具有巨大开发潜力的轻质合金,具有低密度、高比强度、高比刚度、良好的疲劳性能、耐腐蚀性能和卓越的超塑性成型性能,并且在淬火和人工时效后硬化效果优良,用其取代常规铝合金,可使构件质量减轻 10%~15%,刚度提高15%~20%。铝锂合金的制备及制造工艺与普通铝合金没有原则上差别,可沿用普通铝合金的技术和设备,用铝锂合金替代制造飞机使用的传统铝合金,不需对适航条例做大的修改。另外,铝锂合金的成型、维修等都比复合材料方便,成本也远远低于复合材料。因此铝锂合金被认为是未来航空航天工业最理想的轻质高强度结构材料之一。

铝锂合金主要为飞机和航空航天设备的减重而研制的,因此也主要应用于航空航天领域,还应用于军械和核反应堆用材、坦克穿甲弹、鱼雷和其他兵器结构件方面,此外在汽车、机器人等领域也有充分运用。从 20 世纪 30 年代开始,德国、美国、英国和苏联对铝锂合金进行研制,但是真正具有商业价值的是 1957 年美国 Alcoa 公司研制成功的含锂 1.1% 的 2020 合金,用于制造海军 TA-5C Vigitant 飞机的机翼蒙皮和尾翼的水平安定面。目前主要使用的铝锂合金有 2×××系(Al-Li-Cu-Zr)和 8×××系(Al-Li-Cu-Mg-Zr)等 10 余种牌号,最大铸锭规格达到 25 t 以上,其轧制、挤压和锻造的加工技术已达到常规铝合金的水平。

3.1.2　铝锂合金的工艺方式

铝锂合金的研究已经进入了实际应用阶段,其工艺方式主要表现在以下几方面。

1.合金制备方面

(1)铸锭冶金法(Ingot Metallurgy,IM)是铝锂合金主要生产方法。我国西南铝业集团有限公司、美国的 Alcoa、英国的 Alcan 和法国的 Pechiney 等都采用 IM 法生产铝锂合金。IM 法的优点是成本比较低,可生产大规格铸锭。

(2)粉末冶金法(Powder Metallurgy,PM)是一种可以制备复杂形状结晶型产品的生产技术,也是生产铝锂合金的非常重要方法。由于冷却速度比较高,很大程度地提高了合金元素的溶解度,使得微观组织均匀细小,减少了偏析,从而改善了合金的塑性,提高了合金的强度。但该工艺存在流程较长、粉末易氧化、铸锭尺寸小以及成本较高等问题。

2. 合金化及微合金化方面

铝锂合金中通常加入的合金元素有 Cu,Mg,Zr,Cd,Sc,Ce 等,用来影响合金的析出行为和析出相的化学组分、类型、数量和形状、尺寸及分布,改善晶界特性,全面提高合金各项性能。在铝锂合金中添加 Cu 元素能引入沉积强化相 T(Al$_2$CuLi),极大地增加合金的刚度;但 Cu 含量过高,能导致韧性下降,密度增大。目前在铝锂合金中一般掺铜量(质量比)为 1.0%～4.5%。Mg 可以促进 T(Al$_2$CuLi)相的析出,抑制 δ(Al$_3$Li)相的析出,因此添加 Mg 能够产生固溶强化,并且强化无析出带,使其有害作用减弱。当铝锂合金中同时加入 Cu 和 Mg 时,还可以形成 S(Al$_2$CuMg)弥散相。S 相优先在位错等缺陷的附近呈不均匀析出,使位错难以切过、只能绕过,从而降低了合金共面滑移的倾向,并且激发其产生交滑移,促进合金均匀的变形改善韧性。但如果 Mg 含量过高,则 T 相优先在晶界析出而使脆性剧增。目前在铝锂合金中一般掺入 Mg 量为 0.2%～2.3%。合金中添加 Zr 元素能形成 β(Al$_3$Zr)相的弥散质点,一般都在晶界或亚晶界析出,对晶界有钉扎的作用,能抑制合金的再结晶并能细化晶粒,改善合金刚度。并且 β 相还可以成为 δ 相成核的位置,δ 相在其周围生长,形成牛眼状的结构,提高合金的强度。同时 Zr 还可以使合金的时效速率加快,但 Zr 元素含量过高,将使晶界上出现含 Zr 的粗大析出物,破坏了晶界性能并使合金体积质量都增大。目前在铝锂合金中限制 Zr 的含量在 0.08%～0.10%左右。

3. 焊接技术与工艺方面

苏联用焊接工艺代替铆接工艺连接铝锂合金结构件,大大减轻了结构重量、提高了结构刚度,而且节约能源、节省装配时间。焊接技术成为铝锂合金在航空、航天工业中应用的关键。传统焊接方法都属于熔化焊接,至今已经采用的焊接工艺有电弧焊、激光焊、电阻焊、点焊、真空电子束焊、TIG 焊(Tungsten Intert Gas Welding)和变极性等离子弧焊等。在实际生产中我国常采用真空电子束焊接,图 3.1 是真空电子束焊机实物图,其工艺是将被焊工件置真空环境中进行焊接,焊缝较窄,深宽比大,焊接的应力和变形较小,在工业各领域得到了广泛应用。

图 3.1　铝锂合金真空电子束焊机实物图

4. 热处理方面

热处理主要集中在形变热处理、分级时效两方面。有人研究了淬火后形变时效对新型高强度铝锂合金 2197 组织和性能的影响。结果表明,淬火后立即预变形引入位错和随后双级时效过程形成位错环将增加基体中 T 和 θ 相数量,并使 T 相细化、分布更为均匀。淬火变形后双级时效(100℃-8 h,45℃-12 h)处理的合金的抗拉强度、屈服强度和伸长率分别是 553.5 MPa,494.5 MPa 和 10.4%,形变时效处理一定程度上改善了合金的强塑性匹配。有学者采用微观相场的方法,通过建立微观相场动力学的模型,对铝锂合金单级时效、分级时效和回归再时效的工艺进行模拟,得到与实际很接近的结果,为热处理提供了新的研究手段。

Al-Li 合金与 Al 合金性能对比见表 3.1。

表 3.1　Al-Li 合金与 Al 合金性能对比

牌号	状态	抗拉强度 σ_b MPa	屈服强度 $\sigma_{0.2}$ MPa	延伸率 (%)	断裂韧性 K_{IC} (MPa·m$^{1/2}$)	弹性模量 E GPa	密度 ρ (g·cm^{-3})
2199	T8	410	345	10	116	78	2.64
2524	T3	420	311	15	112	71	2.77
2099	T83	538	476	7	30	82	2.63
7150	T77511	600	566	8	34	75	2.83

3.2　铝锂合金国内外的发展状况

3.2.1　国外铝锂合金的发展状况

国外铝锂合金的发展大体上可划分为三个阶段。

第一阶段是初步发展阶段,时间为 20 世纪 70 年代以前。第一代铝锂合金设计思想是尝试在铝合金中加入锂元素,其断裂韧性差,未能获得广泛应用。虽然铝锂合金 Scleron 早有历史,但直到 1957 年美国 Alcoa 公司研究成功 2020 铝锂合金,1961 年苏联开发出 BA-23 铝锂合金,铝锂合金才真正引起人们的注意。美国将 X2020 合金应用在海军 RA-5C 军用预警飞机的机翼蒙皮和尾翼水平安定面,获得 6% 的减重效果。但第一代铝锂合金具有明显的缺点,如塑性和韧性水平太低、缺口敏感性高、加工生产困难、价格昂贵等,不能满足航空材料力学性能要求,因此未能获得进一步的推广应用。

第二阶段是繁荣发展阶段,时间为 20 世纪 70 年代至 20 世纪 80 年代。第二代铝锂合金设计思想是等强度代换,含锂高,追求材料轻量化,其减重性能好、刚度好,各向异性倾向高,材料成本高,仅应用在军用飞机上。2091 合金用于阵风战斗机,1420 用于苏联多种军用飞机。20 世纪 70 年代世界爆发的能源危机迫切要求民用飞机实现轻量化设计,降低飞机的耗油率和使用成本。而复合材料的兴起也给传统铝工业造成了潜在威胁,这推动了人们对铝锂合金新的重视,铝锂合金也进入了第二个阶段。在这一时期,总共召开了六次国际铝锂合金专题会议,对铝锂合金进行了全面深入的研究,相继研制成功了低密度型、中强耐损伤型和高强度型等一系列比较成熟的铝锂合金产品。例如苏联研制成功的 1420 铝锂合金、美国 Alcoa 公司研制出的 2090 铝锂合金、英国 Alcan 公司的 8090 铝锂合金和 8091 铝锂合金等等。

20 世纪 70 年代苏联 1420 铝锂合金用于米格-29 战斗机机身、油箱、座舱等,并将铆接结构改为焊接结构,减重 24%,此外在 Su - 27,Su - 30 上也采用了第二代铝锂合金。对比第一代铝锂合金,第二代铝锂合金增加了锂的含量,使这些合金具有了密度低、弹性模量高等优点,其发展的主要目标就是直接替代航空航天飞行器中采用的传统铝合金 2024,7075 等。但人们在应用中发现第二代铝锂合金同样存在一些明显的缺点,包括以下几方面。①各向异性严重,短横向强度较低;②塑韧性水平较低;③热暴露后会严重损失韧性;④大部分合金不可焊;⑤强度水平总体较低。这些缺点使第二代铝锂合金综合性能和价格难以与原有 2XXX 系、7XXX 系铝合金竞争,除苏联的 1420 铝锂合金在米格-29,苏-27,苏-35 等军用飞机上获得较广泛应用之外,欧美开发的大部分第二代铝锂合金都未获得大量应用。

第三阶段是发展新型铝锂合金阶段,时间为 20 世纪 90 年代以后。第三代铝锂合金设计思想是应用环境差别设计、损伤容限设计,其各向异性倾向小,含锂量低,成本低,工艺性能好,综合性能好,应用在军用和民用飞机上。第三代铝锂合金属于 Al - Cu - Li 系合金,第二代铝锂合金锂含量高($w_t < 2\%$)而其他元素含量低;而第三代铝锂合金降低了锂含量($w_t < 2\%$),增加了 Cu 含量(一般 $w_t > 3\%$)。另外与第二代铝锂合金不同的是,还添加了少量 Mg,Mn,Zn,Ag,Zr 等微合金化元素。第三代铝锂合金的性能不仅优于第二代,也明显优于航空航天部门使用的一些传统铝合金。第三代铝锂合金具有以下特点:密度小、模量高;良好的强度韧性平衡;耐损伤性能优良;各向异性小;热稳定性好;耐腐蚀;加工成型性好。其中尤以低各向异性铝锂合金和高强度可焊接铝锂合金最引人注目。由于综合性能提高,第三代铝锂合金在航空及航天工业上已经获得广泛应用。2197 用于 F - 16 战斗机和 B777 客机。多种新合金制备技术成熟,开发出了具有一定特殊优势的新型铝锂合金,基本体系 Al - Cu - Li - Zr 系。两个合金体系为 Al - Cu - Li - Mg - Ag - Zr 系(以法铝为主)及 Al - Cu - Li -(Mg)- Zn - Mn - Zr 系(以美铝为主)。国外第三代铝锂合金产品概况见表 3.2。

表 3.2　国外第三代铝锂合金产品概况

制品形式	产品牌号和状态	应用部位	材料规范	供应商
厚板	2397 - T8751	整体机加壁板、肋、梁	AMS4382	ALCOA
厚板	2099—T8E77	翼肋	DEVELOPMENT	ALCOA
挤压型材	2099—T83	机翼机身长桁地板梁、座椅滑轨	AMS4287	ALCOA
厚板	2199 - T8E79/T8E80	机翼下翼面蒙皮	DEVELOPMENT	ALCOA
薄板	2199 - T8 prime	机身蒙皮	DEVELOPMENT	ALCOA
挤压型材	2196 - T8511	长桁、地板梁	AIMS	ALCAN
薄板	2098 - T8	机身蒙皮	AMS4327	ALCAN
薄板	2098 - T8	机身蒙皮	AMS4412	ALCAN

续表

制品形式	产品牌号和状态	应用部位	材料规范	供应商
厚板	2050－T84	翼肋、梁	AMS4413	ALCAN
厚板	2297－T8	翼肋、梁	AIMS	ALCAN
厚板 挤压型材	2195－T84	地板梁	DEVELOPMENT	ALCAN

第三代铝锂合金的发展和改进朝着超强、超韧性方向（综合性能改进）发展，美国在 20 世纪 90 年代开发的 Weldalite2210（高强度可焊接铝锂合金）型合金的拉伸强度超过了 760 MPa，几乎是 2219 合金的 2 倍，屈服强度达到 740 Mpa，是目前所有铝合金中强度最高的，并且有良好的断裂韧性（约为 33.5 MPa·m$^{1/2}$）。近年美国研制成功的 XT 系列铝锂合金具有良好的抗应力腐蚀破裂能力，在同样强度水平下，其韧性大大优于普通的铝锂合金。

目前已开发出的新型合金主要有高强度可焊接的 1460 和 Weldalite 系列合金；低各向异性的 AF/C489 和 AF/C458 合金；高韧性的 2097 铝锂合金和 2197 铝锂合金；高抗疲劳裂纹的 C2155 合金以及经过特殊真空处理的 XT 系列合金等。在合金成分设计上，新型铝锂合金降低了锂的含量，增加了铜的含量，并且添加了一些新合金化元素银、锰、锌等；在性能水平上，新型的铝锂合金较以往铝锂合金有了很大幅度提高，其中特别是对高强度可焊接合金和低各向异性合金的研究最多，是第三代 Al－Li 合金的发展方向。国外三代主要铝锂合金的力学性能发展变化见表 3.3。

表 3.3 三代铝锂合金的力学性能比较

合金牌号	材料状态	抗拉强度 σ_b MPa	屈服强度 $\sigma_{0.2}$ MPa	延伸率 δ（%）	弹性模量 E GPa	断裂韧性 K_{IC}（MPa·m$^{1/2}$）
X2020	—	575	531	3	77.2	—
1420	模锻件 TB1	440	280	10	76	40
2090	薄板 T84	520	470	5	80	72
8090	薄板 T651	540	490	7.0	81	33
1460	冷轧薄板横向	560	495	8.0	79	—
Weldalite049	挤压棒材 T8	714	692	5.3	78.5	
2095	挤压棒材 T8	700	667	8.0	—	20
2195	7.8 mm 板 T6 横向	592	551	12.1	—	
Weldalite210	挤压棒材 T8	751	733	7.5		
2197	38 mm 厚板 T8 横向	440	420	8.0		
AF/C489	热轧厚板 T8 横向	538	468	1.5	—	33.6

3.2.2 铝锂合金国外的应用状况

中强度、可焊接的 1420 铝锂合金是苏联研究、使用最成熟的一种铝锂合金，该合金在 20 世纪 70 年代用于铆接的直升机和军舰上，如图 3.2 所示是使用 1420 铝锂合金制成的舷窗配架。20 世纪 80 年代以焊接代替铆接结构用于米格-29 超音速战斗机机身、油箱、座舱,因该合金密度低,又不用密封、铆钉、螺纹等连接件,共可减轻重量 24%。高强度 1450 铝锂合金板材 σ_b 为 580 MPa,$\sigma_{0.2}$ 为 490 MPa,延伸率 δ 为 9%,该合金作为非焊接结构用于现代运输机挤压结构件的机身外蒙皮、框、门和骨架等部位,与被取代的 1370 铝锂合金相比,减重 12%～15%。20 世纪 80 年代将 1460 铝锂合金取代 1201 铝锂合金(相当于 2219)用于制造苏联大型运载火箭"能源号"的低温贮箱,该合金制作的液氧贮箱还于 1996 年用于美国 DC-XA 运载器,减重 20%。迄今为止,在俄罗斯,铝锂合金已用于火箭、"暴风雪"号航天飞机、军用飞机米格-27、米格-29、米格-33、苏-27、安-70T,民用飞机图-204 以及图-144 上。

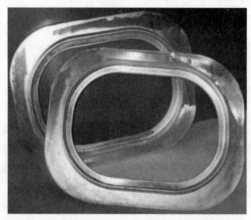

图 3.2　使用 1420 铝锂合金制成舷窗配架

　　美国在世界上开创了应用铝锂合金的先例。它早在 20 世纪 50 年代就将 X2020 合金应用在海军 RA-5C 军用预警飞机的机翼蒙皮和尾翼水平安定面上,获得 6% 的减重效果。这种飞机生产了 177 架,服役近 20 年,于 1969 年停止生产。美国在经过 20 世纪 80 年代的铝锂合金研究的高潮后,对铝锂合金的应用也进入实际阶段。通用动力公司用 2090-T3 合金制成的 30 根翼梁、3 块搭接蒙皮和三个中间框架做宇宙神有效载荷舱的零件和装配件,和原来所用的 2024-T3 合金相比,减重 8%。麦道公司用 2090-T81 代替 2014-T6 合金制造了德尔塔运载火箭低温贮箱试验件,焊接后结构重量减轻 5%～15%。洛克西德-马丁公司利用 8090 合金铆接制造了 Atlas 有效载荷舱,使结构减重 182 kg。引人注目的是超高强度的 2195 铝锂合金从定型生产到用该合金制造出 90 t 重的用于航天飞机的液氢、液氧贮箱仅四年时间,而且美国还决定 X-33 运载火箭的液氧箱也使用此合金。1997 年 12 月美国"奋进号"航天飞机外贮箱用 Weldalite049(高强度可焊接铝锂合金)铝锂合金取代 2219 铝合金,使航天飞机的运载能力提高了 3.4 t。C-17 军用运输飞机上使用了重达 2 846 kg 的 2090-T83 薄板、T86 挤压件,用在飞机的隔框、地板、襟翼蒙皮、垂直尾翼上。A330/A340 民用客机上使用了500 kg 的 2090-T84 合金。2097 铝锂合金比当前战斗机用的 2124 铝合金的疲劳强度高、密度小,已用于 F-16 战斗机的后隔框,由于部件使用寿命提高 1 倍,美国空军一次装机 850 架,节约成本 2 100 万美元。此外,在 F-15 战斗机,B747 客机也使用了铝锂合金。目前,铝锂合金在飞机上的主要用作连接框,图 3.3 为"Y"形铝锂合金连接框。

　　欧洲各国的铝锂合金研究及应用主要以与其他国家合作的方式进行,未形成自己独特的体系。其中,比较成功的应用是,英国和意大利采用 8090 板材、模锻件和 Al-905XL 模锻件制造了 EH101 直升机,使飞机减重 200 kg,图 3.4 为铝锂合金在飞机机身等直段部段的应用图。其他如日本、韩国都还处于研究阶段,未将铝锂合金付于实际应用。

图 3.3　"Y"形铝锂合金连接框　　　　图 3.4　某客机铝锂合金机身等直段部段

3.2.3　铝锂合金国内的发展状况

国内铝锂合金的研究起步比较晚,在 20 世纪 60 年代初曾仿 X2020 试制出 S14l 合金,但受当时条件约束,直到 1985 年才进行了技术鉴定。从"七五"开始,我国的铝锂合金研究才正式起步。由国家立项,中南大学、东北大学、西南铝加工厂和航天 703 所等联合开展了仿 2091 的中强铝锂合金的研究,并成功研制出中强铝锂合金(相当于 2091),但水平较低。

"八五"期间,我国加大对铝锂合金研究的投资力度,国内许多高校和研究院所大范围地开展了铝锂合金研究,使我国铝锂合金基础研究的工作前进了一大步。经过科研工作者不懈的努力,以上单位顺利开发研制了 1420 铝锂合金和 2090 铝锂合金,生产出小规格板材、型材。同时,由于国家投资力度的加大,在西南铝加工厂建成 1 t 级铝锂合金半连续熔铸机组,成功实现了国家"八五"期间制定的铝锂合金半连续铸造的工艺研究,为我国铝锂合金工业化的生产奠定技术基础的目标。

国家"九五"期间完成从俄罗斯引进的 6 t 级铝锂合金工业化熔铸生产线,并根据我国航空航天的发展规划及运载火箭箭体结构发展的要求,提出了"高强度铝锂合金研究"国家科技攻关项目。该项目系瞄准了美国航天飞机液氢/液氧贮箱材料 WeldaliteTM049 合金,在 1996 年 12 月通过可行性的论证,1997 年正式启动,其研制工作由西南铝业集团有限公司和中南大学共同承担。1999 年 10 月到 2000 年 5 月,西南铝业集团有限公司分别在 1 t、6.5 t 半连续熔铸机组上开展了工业规模的熔铸工艺实验。经过反复的摸索试制和攻关,最终在工艺上取得了突破性的进展,试制出 2195 铝锂合金 $\Phi310\sim450$ mm 圆锭和 300 mm×1 200 mm 扁锭,且铸锭在低倍、高倍组织检测和氢、钠主要杂质含量分析的结果均满足技术要求。紧接着又成功试制出 2195 铝锂合金 360 mm×15 mm×1 200 mm 大规格薄壁挤压管材和 2 mm×700 mm×800 mm～5 mm×700 mm×800 mm 的板材。这表明我国已经具备了 2195 铝锂合金大规模研制与开发能力,对于满足我国航空航天工业对先进结构材料的需求具有极其重要的意义。我国铝锂合金研究开发基地已基本建立,其规模和水平已达到美国、俄罗斯等国 20 世纪 90 年代初的水平。

3.3 铝锂合金在民用客机上的应用实例

国外大型客机铝锂合金的使用情况是波音系列飞机的应用为 B777 客机机翼长桁采用 2090 -T86。空客系列飞机的应用为 A320 客机地板下支架、机身和机翼蒙皮壁板采用 2090 铝锂合金。空客公司曾试图在 A340 客机的机身、机翼蒙皮、桁条、框及座椅轨道等部位采用铝锂合金,但由于热稳定性、各向异性以及裂纹等问题而告失败,放弃使用 8090 - T8511,2091 - T851 等合金。A340 客机地板桁条采用 2198 - T8。A330/340 客机在最初方案大量选用 8090 铝锂合金,但由于疲劳试验没通过,没有采用。A380 客机主地板桁条采用 C460/2196 - T8511,A350 客机计划选材铝合金从 34%(含铝锂合金 23%)降至 20%。

第三代铝锂合金在 A350 客机,A380 客机上的大量应用是空客新一代飞机的一大特色。A380 客机已正式选用铝锂合金制造地板梁,正打算用作机身蒙皮和下翼面的桁条。A350 客机已选用铝锂合金制造机身蒙皮和地板结构等,其用量高达总结构重量的 23%。铝锂合金东山再起的主要原因是在不断优化成分的基础上推出了 2094,2195,2097,2197 等第三代合金。这些合金的共同特点是降低了锂含量和优化了铜等合金元素的含量,从而控制了 Al_3Li 相的析出,解决了第二代合金出现的上述问题。第三代铝锂合金取代 2124,2024 铝合金制成的零部件在 F - 16 战斗机上的成功验证也是东山再起的重要原因。

3.3.1 铝锂合金在 A380 客机上的应用

A380 客机上使用了 2099,2199,2196 等铝锂合金作为 A380 客机的地板梁,如横梁、座椅滑轨、座舱以及应急舱地板结构、电子设备安装架及角形物,可减重几百公斤。表 3.4 是第三代铝锂合金在 A380 客机上的应用情况。

表 3.4 部分第三代铝锂合金的基本特征及在 A380 客机上的应用

合金牌号	密度 ρ/(g·cm^{-3})	产品规格	屈服强度 $\sigma_{0.2}$/MPa	基本特征	状态	应用
2195	2.71	厚板管材	580	高强度、在低温高韧性、可焊接	T8	燃料储箱舱段
2098	2.70	中厚板薄板	530	高强度、高韧性、抗疲劳	T8	军用飞机机身
2198	2.70	中厚板薄板	510	高强度、高韧性、耐损伤、抗疲劳	T8	机身蒙皮
2196	2.63	挤压件	530	低密度、高韧性	T8	加强筋板、地板梁、下翼桁条
2197	2.65	厚板 38~152 mm	420	高耐损伤、抗疲劳、耐腐蚀	T8	机身框、翼梁、舱段隔板

续表

合金牌号	密度 ρ / (g·cm^{-3})	产品规格	屈服强度 $\sigma_{0.2}$ / MPa	基本特征	状态	应　　用
2099	2.63	挤压件	505	高强度、耐腐蚀、耐损伤	T8	机身结构、下翼桁条、火箭舱段
2199	2.64	薄板中厚板	480	低密度、高耐腐蚀、抗疲劳裂纹生长	T8	机身蒙皮、下翼蒙皮
2050	2.70	厚板 12~127 mm	520	高弹性模量、高耐腐蚀	T8	机身框梁、翼桁、筋板

3.3.2　铝锂合金在 A350 客机上的应用

A350 客机作为空中客车公司最新型的客机之一,它在设计之初,在选材上就考虑最大限度地发挥不同材料的各自性能特长,应用于最适合的部位。相对于机翼,机身容易与行李装载车、补给车、旅客过桥发生碰撞,对于碳纤维层合板结构,撞击所造成的损伤不容易觉察,而金属机身受到碰撞发生变形,容易确定损伤位置,并容易修复。机翼和尾翼选材着重考虑抗疲劳性能,选用碳纤维层合板结构,从而优化结构重量,确保飞机更少的维护成本和较高的飞机使用率以及低的燃料消耗。A350 客机的最初结构用材比例是铝锂合金占 21%,复合材料占 39%,钢材占 14%,其他铝合金占 11%,钛合金 9%,其他材料占 6%。铝锂合金主要用于机身,包括机身蒙皮、桁条、机身框、肋板、地板梁、座椅滑轨等。它和 A330 客机相比,飞机减重 8 t,其中铝锂合金减重 2.5 t。

通过几轮设计验证后,修改后的 A350XWB 客机的最终用材比例为:复合材料 52%,钛 14%,钢 7%,而铝合金/铝锂合金只占到 20%。机身为混合结构,由铝锂合金/铝合金机身框、纵梁、肋板、地板梁、起落架舱等组成"导电网络",一方面为飞机上的电子设备提供必要的回路,另一方面,能有效防止复合材料不利于电气设备的雷击保护问题。金属机身框架还有利于吸收机身遭受撞击的能量。复合材料主要用于机翼、尾翼、机腹整流罩、机身蒙皮。

此外,驾驶舱主要采用铝锂合金。钛合金主要用于起落架、挂架、连接件。铝锂合金可用于机身结构件,采用的技术如图 3.5 和图 3.6 所示。A350 客机机身使用铝锂合金可以带来 600 kg 重量减重。图 3.7 为 A350 客机上铝锂合金铆接和激光焊接技术对比。

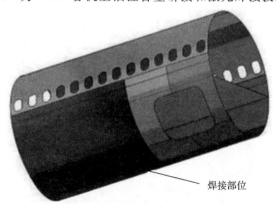

图 3.5　激光焊接技术在大型客机前身应用部位示意图

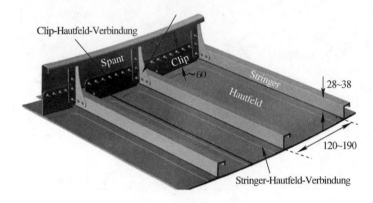

图 3.6 A350XWB 客机采用激光焊接技术连接桁条和蒙皮

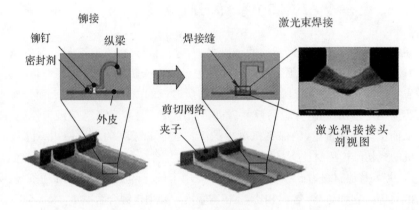

图 3.7 A350 客机上的铝锂合金铆接和激光焊接技术对比

第4章 钛合金及其在航空领域中的应用

4.1 钛合金概述

钛和钛合金具有比强度高、耐腐蚀性好、可焊接性好等性能优点,使其取代铝合金、镁合金和钢构件,成为航空航天领域中最有应用前景的轻质抗高温结构材料之一。在医疗行业,钛及钛合金由于无毒、质轻、优异的生物相容性等,在人体关节、股创伤用品、人工心脏瓣膜等方面也应用广泛。在民用汽车行业,钛合金在提升汽车的综合性能、定位档次和乘坐舒适性等有其独特的优势。按用途分可分为高强度钛合金、耐腐蚀钛合金、常温结构钛合金和高温钛合金(即热强钛合金)、高强度高韧性 α+β 型钛合金、阻燃钛合金、Ti－Al 系金属间化合物、颗粒增强钛基复合材料、航空用钛合金、民用钛合金等。按退火组织分类,钛合金可分为三类:α 钛合金、β 钛合金、α+β 钛合金,典型钛合金牌号及其力学性能表见表 4.1。

表 4.1 典型钛合金材料及其力学性能

牌号	名义成分	类型	热处理	抗拉强度 σ_b Mpa	屈服强度 $\sigma_{0.2}$ MPa	延伸率 δ_s (%)
TA7	Ti－5Al－2.5Sn	α	退火	880～890	755～765	7.6
TB2	Ti－5Mo－5V－8Cr－3Al	β	退火	420～450	350～380	3.2
TC4	Ti6Al4V	α+β	退火	940～960	850～860	1.9

在飞机或发动机的设计中,主要根据零件的工作温度和应力水平选择合金牌号,同时结合零件的制造工艺方案考虑相应的成型和焊接等工艺性能。不同类型的钛合金的特点不同,使用的具体部位也有差别:α 型合金不能热处理强化,只有中等水平的室温强度,但组织稳定,抗蠕变性能好,可在较高温度下长期稳定工作,是创制新型耐热钛合金的基础,一般用作承力较大的钣金件和锻件;β 型合金在固溶状态有良好的工艺塑性,便于加工成型,时效处理后可获得很高的强度性能,但对杂质元素敏感性高,组织不够稳定,耐热性较低,不宜在高温下使用,一般用作紧固件和飞机结构件;α+β 型合金具有良好的热强性和冷成型性,综合性能好,并且可淬火和时效强化,一般用作涡轮发动机机身构件。

4.1.1 α 型钛合金

α 型钛合金是指退火状态的组织为单相的 α 固溶体或 α 固溶体加微量的金属间化合物的钛合金,牌号用"TA"。主要添加合金元素是 α 稳定元素铝和中性元素锡,起固溶强化作用。钛-铝系合金的强度随着铝含量的增加而提高,但使用温度不能超过 500 ℃;钛-铝系合金中加入少量锡,在不降低塑性的条件下,可提高合金的高温、低温强度。合金的杂质是 O 和 N,对塑性不利,应予以限制。α型钛合金主要包括各种不同级别的工业纯钛和广泛应用的 Ti-5Al-2.5Sn合金,工业纯钛具有最高的拉伸塑性,能够用各种方式进行焊接,使用温度最高可达 250~300 ℃,主要用来制造飞机和发动机上各种受力不大的板材结构件,其中 TA1 的强度最低,塑性最好。Ti-5Al-2.5Sn(TA7)合金具有中等的室温抗拉强度(800~1 000 MPa)和良好的焊接件能,与工业纯钛相比,Ti-5Al-2.5Sn 合金工艺塑性稍低、热强性更高,长时间工作温度可高达 450 ℃。

表 4.2 是 α 型及近 α 型钛合金在航空工业中的应用情况。

表 4.2　α 型及近 α 型钛合金在航空领域中的应用

合金牌号		使用部位
α 及近 α 型钛合金	工业纯钛	民用飞机过道、洗漱间底部支撑结构、楼梯和托架、防冰和环控系统中管道飞机发动机舱的内蒙皮、波纹板、防火墙等
	TA7	前机匣壳体,封严圈壳体,板材也常热压成型作衬板、支架座和壁板等零件
	TA11	航空发动机高压压气机盘、叶片和机匣等
	TA12	航空发动机压气机盘、鼓筒和叶片等
	TA13	机匣、排气收集器的加强带
	TA15	400 ℃ 以下长时间工作的飞机、发动机零件和焊接承力零部件
	TA18	燃油管路,蜂窝结构
	TA19	压气机机匣和飞机蒙皮
	Ti-6242S	发动机转动部件,发动机安装架,散热系统及导风罩
	Ti-5Al-2.5V	涡轮泵中高压燃料的氢侧
	Ti-8Al-1Mo-1V	军用发动机的风机叶片
	Ti1100	T55-712 改型发动机的高压压气机轮盘和低压涡轮叶片
	MI834	B777 客机的大型发动机 Trent700
	IMI829	RB-211-535E 4 引擎的压气机轮盘、刀片和垫圈,该引擎用于 B757 客机
	Ti-55	发动机高压压气机盘、鼓筒和叶片

4.1.2　β 型钛合金

β 型钛合金是退火或淬火状态得到单相的 β 固溶体组织的钛合金,牌号用"TB"表示。合金化的主要特点是加入大量的 β 稳定元素,使合金具有良好的塑性。如果单独加入钼或者钒,Mo 含量必须大于 12%,V 含量必须大于 20%,说明加入量很高。大多数 β 型钛合金是同时加入与 β 相具有相同晶体结构的稳定元素和非活性共析型 β 相稳定元素。β 型钛合金包括稳定 β 型钛合金、亚稳定 β 型钛合金、近亚稳定 β 型钛合金。

稳定 β 型钛合金的主要特点是具有非常高的抗腐蚀能力,还有非常好的工艺塑性,可以在冷态下进行薄板轧制,合金可以用各种方式进行焊接,但是不能进行热处理强化。亚稳定 β 型钛合金在淬火状态下具有非常好的工艺塑性及令人满意的可焊性,固溶处理可以采用水淬,也可以空冷,但长时间工作温度不能超过 150~250 ℃。由于亚稳定 β 型钛合金时效后的拉伸塑性,特别是横向拉伸塑性非常低,又由于含有大量铜、铬等元素,导致密度增加和弹性模量降低,因而限制了它的应用。近亚稳定 β 型钛合金综合了马氏体 α+β 型和亚稳定 β 型钛合金的优点,是当前最有发展前景的热处理强化钛合金,其主要特点是在退火或固溶处理状态下具有非常好的工艺塑性和成型性,还具有良好的抗热盐应力腐蚀的能力。

β 型钛合金在固溶状态下有良好的工艺塑性,便于加工成型,时效处理后可获得很高的强度性能,但对杂质元素敏感性高,组织不够稳定,耐热性较低,不宜在高温下使用,一般用作紧固件和飞机结构件,β 型钛合金在航空工业中的应用见表 4.3。

表 4.3　β 型钛合金在航空领域中的应用

	合金牌号	应用部位
β 型钛合金	TB2	钣金件、压力容器、波纹壳体和蜂窝结构
	TB3	高强度紧固件
	TB5	钣金构件
	TB6	飞机机身、机翼和起落架的锻造零件
	Alloy C	F119 的尾喷管和加力燃烧室
	Ti-40	航空发动机结构材料,机匣
	β-21s	NASP (National Aerospace Plane,国家航空航天飞机)的机身和机翼壁板;引擎中的喷嘴、塞子、蒙皮和各种纵梁结构
	BT-22	伊尔-86 客机和伊尔-96-300 客机的机身、机翼、起落架和其他高承载部件
	Ti-10-2-3	B777 客机的起落架主梁和 A380 客机的主起落架支柱,及部分货舱门、引擎机舱、尾翼
	Ti-15-3	B777 客机应用控制系统管道、灭火罐、货物装卸部件和喷射引擎的震动隔音板,及转矩管、发动机支架
	Ti-13-11-13	SR-71"黑鸟"飞机的机翼、外壳板、骨架、纵梁、隔板、肋骨、铆钉和起落架
	β-C	主要用于制造弹簧,包括起落架的上、下锁弹簧,机头的中间弹簧,刹车用踏板回动弹簧,液控回动弹簧,飞行控制弹簧

β-21s(Ti-15Mo-3Al-2.7Nb-0.2Si)合金是美国 Timet 公司为国家航天飞机开发的 β 型钛合金,它可制成带材,并且具有抗氧化性,可作为复合材料来使用。尽管它是 β 型钛合金,但它具有较好的高温特性,并比 TC4 有更好的抗蠕变性能(β 合金一般在高温环境下的性能不是很好)。它已被波音和 P&W 用在 650 ℃下的工作环境。它的优点在于它可以较好地抗高温液压机液体腐蚀,这种液体是一种少数能在航天环境下腐蚀钛合金的物质,该液体在超过 130 ℃时会分解并形成一种含有机金属的磷酸,会腐蚀钛合金,更重要的是含有大量氢的泵会产生严重的脆裂。β-21s 合金是唯一能抵抗这种腐蚀的金属。这是因为 β-21s 含有 Mo 和 Nb,可用于引擎机舱和喷射引擎部位(原先使用钢或镍基合金)。β-21s 合金可减轻重量,用于制造 B777 客机的三种引擎:P&W 4084,GE 90 以及 Trent800 中的喷嘴、塞子、蒙皮和各种纵梁结构,这些可以为每架飞机减重 74 kg。P&W 特别采用 β-21S 合金制备 4168 引擎的

喷嘴和塞子(4168 为 A330 客机的引擎,采用多孔夹层结构设计)。

4.1.3 α+β 型钛合金

α+β 型钛合金是指含 β 稳定元素比较高的钛合金,总量为 2%~6%,退火状态组织为 α+β 固溶体,牌号用"TC"表示,其中 TC4(Ti－6A1－4V)合金应用最广。α+β 型钛合金中加入钒、锰、铬、铁等 β 稳定元素溶于 β 相中起固溶强化作用和提高 β 稳定性,加入 α 稳定元素铝和中性元素锡起强化 α 相作用,并通过淬火使合金具有时效强化作用。最常用的 TC4 合金是 α+β 型钛合金的典型代表,加入适当数量的 β 稳定元素,特别是强 β 稳定元素 Mo,可以提高室温下的拉伸强度,改善合合的热稳定性;加入微量的 β 共析元素 Si 从而进一步提高合金的抗蠕变能力。此类合金还具有较高的高温拉伸强度和室温拉伸塑性,较好的室温低周疲劳强度,可以在一定程度上进行热处理强化,但是焊接性能不如近 α 型热强钛合金好。

α+β 型合金具有良好的热强性和冷成型性,综合性能好,并且可淬火和时效强化,一般用作涡轮发动机机身构件。表 4.4 是 α+β 型钛合金在航空工业中的一些应用。

表 4.4 α+β 型钛合金在航空领域中的应用

	合金牌号	应用部位
α+β 型钛合金	TC1	板材冲压成型零件及蒙皮
	TC2	板材冲压件,如飞机机尾罩前段蒙皮、发动机的下罩等
	TC4	发动机的风扇、压气机盘、叶片、机身、引擎机舱、飞机起落架、机翼和尾翼、挡风玻璃框架、鳍板、发动机框架及链接件等
	TC4－DT	结构件(与 Ti－64ELI 类似)
	TC6	承力构件,航空发动机的压气机盘和叶片
	TC11	航空发动机的压气机盘、叶片、鼓筒等
	TC17	航空发动机风扇盘、压气机盘、离心叶轮、直升机浆毂等
	TC18	起落架部件,飞机翼梁、横梁、紧固件和弹簧等
	Ti－6－22－22S	F－22 战斗机用材料,X－33 教练机,联合攻击战斗机等
	Ti－6－6－2	B747 客机的起落架结构及飞机起落架的阻力杆和顶销等
	Ti－6－2－4－6	主要用于军用发动机(F－110,F－119)
	Ti－17	可用于 400℃ 下的风扇和压气机轮盘
	TC21	起落架、机体连接架、发动机框架、及发动机舱隔板等

注:TC4－DT 即 TC4 ELI,在 TC4 合金基础上降低了间隙元素含量。

TC4 钛合金占到整个钛合金产品的 60% 左右,最小拉伸强度 896 MPa,具有较好的疲劳性能和断裂性能(经热处理后还能改善),可以制成铸件、锻件和挤压件,可用于制造飞机的任何部分:机身、引擎机舱、飞机起落架、机翼和尾翼等。如图 4.1 所示,某型航空发动机中用 TC4 钛合金制成的中压压缩机及机箱,如图 4.2 所示是用 TC4 钛合金锻造的某型飞机的起落架结构。

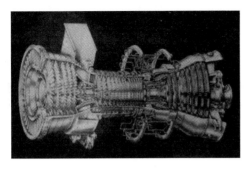

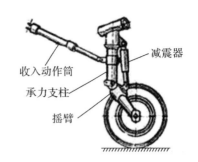

图 4.1　航空发动机压缩机及机箱　　　　　图 4.2　飞机起落架结构

B757 客机,B767 客机和 B777 客机的挡风玻璃框架都是由 TC4 钛合金压铸而成,而其上面的顶板是由 TC4 合金板制成,这些主要是由于 TC4 钛合金具有较高的强度以抵挡飞机在飞行过程中受到鸟的撞击。B777 客机的鳍板是由 TC4 钛合金热成型板制成,厚 5 mm、宽 762 mm,长 3.3 m,这是由于它的热膨胀系数和碳纤维吻合得较好。经退火的 TC4 合金锻件也可用来制造 B777 客机机身的水平鳍板和垂直鳍板,这是由于钛和石墨的抗腐蚀相容性较好。B777 客机的机身末端(见图 4.3)和发动机引擎框架和链接件等 ,如图 4.4 所示。由于温度高而采用 TC4 合金,此处工作温度较高,选用铝合金不合适,而钢或镍基合金又太重。

图 4.3　B777 客机尾翼　　　　　　　　图 4.4　B777 客机航空发动机引擎

4.2　钛合金国内外的应用状况

钛合金具有比强度高、密度小、宽的温度使用范围,以及优异的抗腐蚀性能、与碳复合材料具有良好的相容性等优异性能,是一种理想的航空结构金属材料,在航空工业上得到广泛应用。衡量一个国家航空工业发展水平的一个重要标志就是航空用钛合金占总钛合金需求量的多少。目前,钛及钛合金主要用于承受发动机热影响的非承力构件,随着飞机发展的需要,以后逐渐转向制造承力构件,以减轻重量,提高结构效率和可靠性,延长机体使用寿命。

4.2.1　钛合金国外的应用状况

钛合金在大型飞机上的用量逐年递增,到目前为止,在国内外大飞机市场上,越是先进的新型飞机,越是宽体飞机,用钛量越大,军用飞机与民用飞机的用材趋势相同,而且用钛的比例更高。在 20 世纪 80 年代以后美国设计的先进军用战斗机和轰炸机中,钛合金用量已稳定在 20%以上。A400M 客机采用钛合金作翼身接头。伊尔－86 客机和伊尔－96－300 客机采用钛合金作起落架零件。C－5A 运输机近 200 万紧固件中有 150 万为钛合金紧固件,减重 1 200 kg。C－17 军用运输机钛用量占全机材料重量的 10.3%(钛零件总重 6.8 t),起落架弹簧选用全 β 钛合金。钛合金主要应用部位如图 4.5 所示。

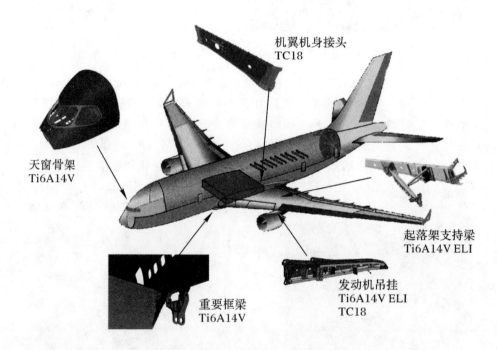

图 4.5　钛合金的主要应用部位和部件

钛合金在国外民用客机应用情况是双通道飞机的用钛量大大高于单通道飞机的。如波音公司的一架 B737 客机,B747 客机,B777 客机钛用量分别为 18 t,45 t 和 59 t。而一架 B787 客机采用钛合金特大锻件作接头,用钛量达到 136 t,占全机质量的 15%,用钛量比例增加十分显著。在 B777 客机上,共用了 5 种钛合金,即 Ti－1023,Ti－64ELI,Ti－15－3,B21S 和 Ti－6242,高强度高韧性 β 钛合金 Ti－1023 用做主起落架,这是最大的钛单体件和最具有挑战性的。它是一种新结构的三轴起落架,能使飞机在较短跑道起飞,为了降低成本,它用三件拼焊而成,用 Ti－1023 代替高强度钢做主起落架,既可大大减重,又可避免腐蚀问题。

空客公司亦是如此,一架 A320 客机,A330 客机和 A340 客机的用钛量分别为 12 t,18 t 和 25 t。而一架 A380 客机采用了全钛挂架,用钛量达到 146 t,占全机质量的 10%。A380 客机是首次推出全钛挂架的飞机,在 A380 客机的起落架是 Ti－1023 合金制造的,最大重量达 3 200 kg,是迄今为止,最大的航空锻件,它是用世界最大的锻压机(75 000 t)制造出来的。A350 客机也采用全钛挂架,钛合金用量 9%,A350 客机的主要用钛部位和部件:起落架、机翼结构、发动机悬架、机翼高压油管气管、紧固件、舱门、机舱面板或隔板、座椅导轨、尾椎和辅助动力舱的隔热屏等。A380 客机,A350 客机采用全钛挂架,均选用 β 退火的 Ti－6Al－4V

ELI。钛合金在国外民用客机应用情况见表 4.5。

表 4.5　钛合金在国外民用客机应用情况

机　型	钛合金用量	主要牌号	主要使用部位
B737	4%	Ti-6Al-4V	机翼、机身整流罩、吊挂、平尾、紧固件
A320	4.5%	Ti-6Al-4V	襟翼结构、吊挂、座舱盖、前挡风
		Ti-3Al-2.5V	液压管路
B747	7%	Ti-6Al-4V	舱门框、吊挂结构、机翼结构/紧固件
		Ti-10-2-3	起落架结构
		Ti-6Al-4V ELI	安定面接头
		β21S	后整流罩
		Ti-6242	发动机支架
		Ti-15-3-3-3	ECS 导管、弹簧
A380	10%	Ti-6Al-4V	机翼结构、紧固件、吊挂结构、座椅滑轨、舱门框
		Ti-10-2-3	起落架结构
		Ti-6Al-4V ELI	机翼结构
		Ti-55531	机翼和吊挂的连接装置、紧固件
B777	15%	Ti-6Al-4V	舱门框、吊挂结构、机翼结构
		Ti-6Al-4V ELI	外翼肋
		Ti-5553	机翼结构(前、后梁,接头)、吊挂结构(后框)

由于宽体 A350 客机碳复合材料用量大,所以用钛量约 100 t。图 4.6 给出了 A350 客机用钛的主要部位和部件,主要有起落架、机翼结构、发动机悬架、机翼高压油管气管、紧固件、舱门、机舱面板或隔板、座椅导轨、尾锥和辅助动力舱的隔热屏等。不仅是机身,目前大飞机用主流的高涵道比涡轮风扇发动机也大量用钛。

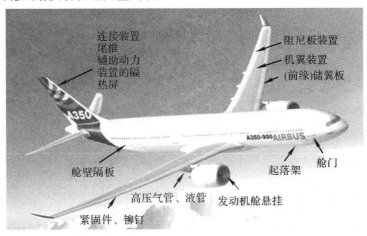

图 4.6　A350 客机用钛的主要应用部位和部件

国外大型飞机上使用的主要钛合金牌号及应用部位见表 4.6。

表 4.6　国外大型飞机上使用的主要钛合金牌号

	国外牌号	国内牌号	名义成分	使用部位	备注
1	Ti-40	TA1	Ti	内蒙皮、波纹板防火墙	
2	Ti-65A	TA2	Ti	内蒙皮、波纹板防火墙	
3	Ti-70	TA3	Ti	内蒙皮、波纹板防火墙	
4	Ti-3-2.5	TA18	Ti-3Al-2.5V	液压导管	
5	Ti-6-4(BELI)	TC4(DT)	Ti-6Al-4V	锻件等各种半成品	安定面接头等
6	Ti-6-2-4-2	TA19	Ti-6Al-2Sn-4Zr-2Mo	锻件	发动机挂架
7	Ti-10-2-3	TB6	Ti-10V-2Fe-3Al	锻件	起落架
8	BT22	TC18	Ti-5Al-5Mo-5V-1Cr-1Fe	锻件、焊接件	
9	Ti-15-3	TB5	Ti—15V-3Cr-3Al-3Sn	钣金件、管路	可控系统、管路
10	β21S	TB8	Ti-15Mo-3Al-2.7Nb-0.2Si	钣金件	外涵道等
11	BT16	TC16	Ti-3Al-5Mo-4.5V	紧固件	
12	βc	TB9	Ti-3Al-8V-4Mo-4Zr	弹簧	

4.2.2　钛合金国内的应用状况

中国国内的钛加工材产量目前居于世界第一,钛产量突破 10×10^4 t,主要用于航空工业方面,市场潜力巨大。但是由于民用飞机更强调经济性和安全性,因而不能像新型战斗机一样达到单架用钛比例很高的状态。我国战斗机的钛用量也在不断增大,20 世纪 80 年代开始服役的歼-8 系列的钛用量为 2%,两种新一代战斗机的钛用量分别为 4% 和 15%,更新一代的高性能新型战斗机的钛用量将达到 25%~30%。中国大飞机、航天空间站、嫦娥计划都会大量使用钛材。尤其是大飞机项目,钛材的应用量将逐步增大。尽管我国钛工业在近几年里取得了长足发展,基本上满足了国内各项建设的需要,但客观地说,我国钛工业还不能立即完全满足航空工业大发展对钛材的各种需求。

从 20 世纪 50 年代至 20 世纪 80 年代,国际上发展钛合金的主要方向是不断提高性能以满足工业发展需要,特别是军用飞机及其发动机减轻结构质量的需要,即所谓的"斤斤计较"甚至"克克计较"。虽然我国在高性能钛合金的研究方面取得了一些成就,但是与国外相比,在高阻燃性能钛合金、高耐热性能钛合金和高强度的近 β 和 β 型钛合金等方面仍存在较大差距。我国从钛合金研发开始一直十分重视新型钛合金的研制,前期主要是仿制国外先进钛合金,之后是既仿制又创新,目前主要以创新为主。已形成我国第三代重型战斗机用钛合金材料体系,研制出 Φ350 mm 棒(TA15,TC4)、TA15 整体精锻件,大运主起落架横梁中央件 TC18 模锻件,高强度、高韧性损伤容限型钛合金 TC21 钛合金,中强度损伤容限型 TC4-DT 钛合金等。TA18 管材

(GJB3423 — 1998)已应用于我国运 - 7 运输机的空调系统管道,TC16 钛合金紧固件可实现紧固件在室温下的连续镦制,降低成本、提高生产率。国内研制的钛合金牌号见表 4.7。

表 4.7　国内钛合金研制牌号与国外牌号对比

国内牌号	国外牌号	国内牌号	国外牌号
TC4	Ti - 6Al - 4V	TB8	β21S
TA15	BT20	TC18	BT22
TA18	Ti - 3Al - 2.5V	TB6	Ti - 10 - 2 - 3
TA19	Ti - 6242S	TB5	Ti - 15 - 3
TC4 - ELI TC4DT	Ti - 6Al - 4V ELI	TC21	Ti62222

随着国内航空工业的快速发展,使用钛合金的零部件增多,对钛合金的要求逐渐提高,目前国内的钛合金主要分为中高强度钛合金和高温钛合金。国内研制的钛合金主要包括 TA15 钛合金、TA19 钛合金和 TC21 钛合金等。

1. TA15 钛合金

TA15 合金密度为 4.5 g/cm^3,是一种高 Al 当量的近 α 型中强度钛合金,名义成分为 Ti - 6Al - 2Zr - 1Mo - 1V,相变点在 $980 \sim 990 \ ℃$ 之间。TA15 合金相组织为初生等轴 α 相和 β 转变相(包含次生片状 α 和 β 两相)构成的双态组织,晶相组织图如图 4.7 所示。相组成是以 α 相固溶体为基体,含有少量的(5%～7%)β 相,不能通过热处理进行强化。

图 4.7　TA15 钛合金显微组织

TA15 合金既具有 α 型钛合金良好的热强性和可焊接性,又具有(α+β)型钛合金的工艺塑形,因此 TA15 合金特别适合于制造各种焊接零部件,是高温应用的理想材料,目前这类合金的最高使用温度为 $500 \sim 550 \ ℃$。TA15 合金具有中等室温和高温强度,良好的热稳定性和焊接性能,该合金的抗应力、耐腐蚀能力、强度、断裂韧性以及疲劳极限均略高于 TC4 合金。主要机械性能见表 4.8。

表 4.8　TA15 合金的机械性能

弹性模量 E GPa	屈服强度 $\sigma_{0.2}$ MPa	抗拉强度 σ_b MPa	延伸率 δ (%)	断面缩率 ψ (%)
117.6	888	956	13.9	32.3

TA15 合金主要用于飞机大型结构件上,极具代表性的是在苏 - 27 战斗机上的应用。苏 -

27 战斗机作为世界上一流的第三代歼击机,其先进的战技性能是各种技术集成的综合效应,在主承力结构大量使用钛合金是其结构选材的最大特点,全机钛合金毛坯用量达 5.5 t 左右,占结构重量的 16%～18%。使用的品种规格有薄板、厚板、管材、棒材、型材、模锻件和铸件等,板材的最大厚度为 70 mm 左右。使用的牌号有 TA15(苏联牌号 BT20),BT16,IIT7M,OT4 - 0,BT3 - 1 等十余种。特别值得提出的是 TA15 钛合金使用部位广泛、用量大、单机毛坯用量占整个钛合金毛坯用量的 70% 左右,是先进飞机的关键结构和用材特点的主要标志。

TA15 钛合金为中等强度级别的钛合金,有良好的综合力学性能和工艺性能。该合金在 500 ℃下工作的寿命可达到 3 000 h,在 450 ℃下工作的寿命可达到 6 000 h。该合金主要用来制造 500 ℃以下长时间工作的结构零件、焊接承力结构件和一些温度较高、受力较复杂的重要结构零件,例如应用于发动机的各种叶片、机匣,飞机的各种钣金件、梁、接头、大型壁板以及焊接承力框等。目前该合金在军工领域和民用领域都具有广阔的应用前景。

2. TA19 钛合金

TA19 合金名义成分 Ti - 6Al - 2Sn - 4Zr - 2Mo - 0.1Si(质量分数 w_t%),属于 Al,Sn,Zr 等 α 稳定元素固溶强化的近 α 型的两相钛合金,通常 α 相的比例在 80 %以上,具有高强度、高韧性和良好的抗蠕变性能。其在军用和民用的航空飞行器发动机上得到广泛应用,比如发动机燃烧室机匣等。发动机燃烧室是发动机的高温部件,工作条件极为恶劣,是发动机的承力件。因此,在要求材料性能良好、工作可靠的同时还要求材料具有足够的强度和一定的使用寿命,特别是要具有良好的抗氧化性和组织稳定性。除此之外,该合金也应用于飞机蒙皮制造以及海洋工程中,是制造舰艇、船舶的优良材料,同时也可应用于化工及海水淡化装置。但是,该材料也存在一些不足,由于该合金中铝当量较高,工艺塑性较差,使得锻造时材料容易开裂,同时在锻造大规模棒材时难以控制组织均匀性。

美国高温钛合金的发展较为成熟,TA19 合金在美国对应的牌号为 Ti - 6242S。Ti - 6242S 合金目前是在发动机上使用量最大的合金之一。Ti - 6242 合金是近 α 钛合金,是美国钛金属公司于 1960 年研制的,具有较高高温蠕变强度和瞬时强度。Ti - 6242 合金作为耐高温材料广泛应用于大型运输机的涡轮喷气发动机上,如普拉特·惠特尼公司 JTD 发动机压气机盘、叶片;通用电气 CF6 - 50 发动机盘、叶片和壳体,都是由该合金制成的。除此以外,此合金也已成功应用于 F414,F119,TRENT800 等先进的军用和民用航空发动机上,成为 550℃ 以下压气机盘和叶片的首选钛合金材料。

我国在很长一段时间内,钛合金的发展主要是走仿制的路线,早期主要仿制苏联的合金,如 TC11 合金对应的是 BT9 合金。TA19 在美国对应的牌号为 Ti - 6242S,其他的还有 TA11,TC17 等等。近几十年来我国开始走自行研究的路线。特别在近几年,新型钛合金研究十分活跃,研制出许多具有知识产权的新型钛合金,合金总数约 70 多种,其中多数已获得广泛的应用。

3. TC21 钛合金

TC21 钛合金是西北有色金属研究院在 Ti - 6Al - 4V 基钛合金的基础上,通过仿制美国 Ti - 6 - 22 - 22S 钛合金,按照可焊接性、高强度、高韧性以及高损伤容限型等要求,通过运用晶体结构理论和钛合金的"少量多元"设计准则,使多种 β 相稳定元素和中性元素加入到钛合金中,设计出的 Ti - Al - Sn - Zr - Mo - Cr - Nb 系 α+β 型钛合金,其成分见表 4.9。

经研究,TC21 钛合金的相变点为 950±5 ℃,抗拉强度 σ_b 为 1 100 Mpa,断裂韧性 K_{IC} 为 70 MPa·$m^{1/2}$,裂纹扩展率为 $10^{-5} \sim 10^{-6}$ mm/cycle,其他力学性能较稳定。TC21 钛合金作为飞机结构件合金材料,其使用前景高于目前广泛使用的 TC4 钛合金,具有广阔的应用潜力。与 Ti-6-22-22S 合金相比,Nb 元素的添加以及 Cr 元素的减少,大大改善了合金的强度和韧性等力学性能。

表 4.9　TC21 钛合金的化学成分

元素	Al	Cr	Sn	Mo	Zr	Nb	Si	C	N	H	O
含量	6.12	1.52	2.18	2.82	2.15	1.96	0.13	0.022	0.008	0.002	0.008

TC21 合金作为一种新型高强度高韧性损伤容限型钛合金,被应用在对强度和耐久性要求较高的航空构件或关键承力部件上。目前,科技工作者对 TC21 合金的相变温度、热处理工艺及成型加工等方面都开展了大量的研究工作。TC21 钛合金的性能不仅具有国际先进水平,而且在合金及其锻造工艺上都具有自主知识产权。

国外发达国家相继对高损伤容限型钛合金开展了积极的研究和应用,将中损伤容限性合金 TC4(ELI)合金和高损伤容限性的 Ti-6-22-22S 合金应用在了第四代战斗机 F-22 和 F-35 及大型运输机 C-17 上,大大提高了飞机的使用寿命和战斗力。国内目前已将 TC21 合金应用在飞机的起落架、基体链接件、有温度要求的发动机框架以及机身温度最高的发动机舱隔板材料等方面。

4.3　航空用高性能钛合金的应用状况

4.3.1　高强度钛合金

高强度钛合金是为了满足机身减重和高负载部件的使用而提出的,抗拉强度在 1 000 MPa 以上,在飞机上用于机身的承力隔梁、起落架的扭力臂和支柱等。目前高强度钛合金的研究主要以 β 钛合金为主,也包括 α+β 两相合金,合金化的主要特点是加入较多的 β 稳定元素,如 V,Cr,Mn,Fe 等元素,严格控制 N,H,O 等气体元素含量,并在高温下的固溶时效处理得到稳定的 β 相组织。具有代表性的高强度钛合金主要有 Ti1023,Ti153,β-21s,Ti-6-22-22S 和 BT22,TB10,TC21 等,表 4.10 是这几种典型高强度钛合金的性能特点。

表 4.10　几种典型高强度钛合金的性能特点

钛合金牌号	Al 含量 w_t (%)	Mo 含量 w_t (%)	相转变温度 (℃)	性能特点
Ti1023	4.0	11.1	790～850	较大淬透性,显著的热处理强化效果
Ti153	5.0	15.7	750～770	合金成型即可进行时效,较小的裂纹形成敏感性
β-21S	4.0	15.8	793～810	高强度、良好的蠕变强度和热稳定性,良好的变形能力

续表

钛合金牌号	Al 含量 w_t（%）	Mo 含量 w_t（%）	相转变温度（℃）	性能特点
BT22	6.0	11.8	860～990	良好的加工性能和焊接性能
TB10	4.0	11.5	810～830	良好的淬透性和断裂韧性
TC21	6.0	2.0	945～955	强度高,韧性和疲劳性能好,高损伤容限性

1. Ti-10-2-3 合金

Ti-10-2-3(Ti-10V-2Fe-3Al)合金是美国 Timet 公司于 1971 年研制成功的,是迄今为止应用最为广泛的一种高强度的近 β 钛合金。已成功应用于 C-17 大型运输机的起落架、B777 客机的主起落架转向架梁以及大型客机 A380 的主起落架支柱。它是一种为适应损伤容限性设计原则而产生的高效益、高可靠性和低成本的锻造钛合金,V 和 Fe 为主要的 β 稳定元素。为了提高合金的锻造性能和断裂韧性,Fe 的含量低于 2%,O 的含量限制在 0.13% 以下,该锻件的三强(抗拉强度,拉伸强度,屈服强度,单位 MPa)为 965 MPa,1 105 MPa 和 1 190 MPa,同时也具有很好的疲劳性能。该合金是 B777 客机中用量最大的 β 钛合金,起落架(见图 4.8)几乎全部由该合金制成。A380 客机的主起落架支柱也是采用的该合金,用 Ti-10-2-3 合金可为每架飞机减重 270 kg,还消除了用钢时产生的应力腐蚀。Mcdonnell Donglas 采用 Ti-10-2-3 合金制成货舱门、引擎机舱、尾翼。Ti-10-2-3 合金在疲劳强度方面的优势也使其广泛应用于直升机。

图 4.8 B777 客机的起落架

2. Ti-15-3 合金

Ti-15-3(Ti-15V-3Cr-3Sn-3Al)合金是在 20 世纪 70 年代由美国空军部门资助下开发的一种亚稳定 β 型的高强度抗腐蚀合金。V 和 Cr 抑制马氏体转变并稳定 β 相,热处理后板材的 $\sigma_b \geqslant 1\ 310$ MPa,显微组织是 β 基体和弥散的 α 相。该合金具有优良的冷变形性、时效硬化性能、可焊接性能和很好的疲劳性能等特点,用 B777 客机的应用控制系统管道,替代原来的低强度工业纯钛,为每架飞机减重 63.5 kg;可替代 21-6-9 钢(即 0Cr21Ni6Mn9N 含氮奥氏体不锈钢)制作灭火罐,为每架飞机减重 23 kg;由于它的强度、抗腐蚀能力和成型性,还可用于 B777 客机上的许多夹子和支架以及其他部分。Ti-15-3 合金的铸件也用于 B777 客机,强度达 1 140 MPa,用于货物装卸部件和喷射引擎的震动隔音板。P&W 用 Ti - 15 - 3 合金制造用于新发动机上一种温度较低部分的支架,这要比用钢减轻很多重量。AlliedSignal - Bandix 用 Ti - 15 - 3 合金铸件制作制动转矩管(用于 F - 18EF 战斗机),它的抗拉强度 σ_b 达 1 045 MPa(TC4 为 830 MPa),高强度可使转矩管的体积减少,可加大碳的用量,以增加刹车装置的寿命。

3. BT22 合金

BT22(Ti - 5V - 5Mo - 1Cr - 1Fe - 5Al)合金是苏联研制的退火状态下为 α+β 结构,该合金塑性和焊接性能优异,已用于伊尔-86 客机(见图 4.9)和伊尔 - 96 - 300 客机的机身、机翼和起落架等高负载航空部件。为了进一步提高强度,研发人员对 BT22 进行了改进,在其中加入 Sn,Zr 等元素,即 BT22M 合金,其室温抗拉强度达到 1 200 MPa 以上,用于生产飞机发动机盘和叶片、起落架杆、开槽枢轴、刹车连杆以及液压缸盖等部位。

图 4.9　苏联伊尔 86 大型客机

4. TC21 合金

我国 20 世纪 60 年代开始自主开发了 TB6,TB10 和 TC21(Ti - 6Al - 2Zr - 2Sn - 2Mo - 1.5Cr - 2Nb)等高强度钛合金,其中 TB10 和 TC21 最为典型。TB10 比强度高,断裂韧度好,淬透性高,已在我国航空领域获得了实际应用。TC21 钛合金是由我国西北有色金属研究院研制的一种新型高强度、高韧性损伤容限型钛合金,是在 Ti - 6Al - 4V 基钛合金的基础上仿制 Ti - 62222S 合金,通过运用晶体结构理论和钛合金的"少量多元"设计准则,使多种 β 稳定元素和中性元素加入到钛合金中。TC21 钛合金通过一定的热处理制度得到的网篮组织比其他组织形态具有更好的强度、塑性、韧性和裂纹扩展速率匹配。其断裂韧性、裂纹扩展抗力、热稳定性在不低于 TC4 合金的条件下,强度比 TC4 合金高一个数量级,与美国的 Ti - 62222S 合金相当。同时这种 TC21 钛合金的各种性能都非常稳定,抗拉强度可达 1 100 MPa,抗剪强度可达 700 MPa,断裂韧性高达 70 MPa,裂纹扩展速率低至 $2×10^{-5}$ mm /cycle。TC21 室温下的力学性能见表 4.11。

表 4. 11　TC21 合金室温力学性能

抗拉强度 σ_b MPa	屈服强度 $\sigma_{0.2}$ MPa	延伸率 δ (%)	断面缩率 ψ (%)
1 110	1 060	15.67	20.67

目前 TC21 合金是我国高强度高韧性钛合金综合力学性能匹配较好的钛合金之一,可用

于航空飞机的机翼接头结构件、机身与起落架、吊挂发动机接头等部位,以及对强度及耐久性要求高的重要或关键承力部件的制作。图 4.10 为 TC21 合金棒材,图 4.11 为飞机起落架。

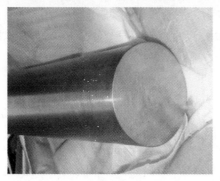

图 4.10　TC21 合金棒材　　　　图 4.11　由 TC21 合金制成的飞机起落架

4.3.2　高温钛合金

高温钛合金是现代航空发动机的重要材料,主要用于飞机发动机的压气机盘、机匣和叶片等部件,以减轻发动机重量,满足发动机更高的工作温度,提高推重比。常规钛合金工作温度较低,一般小于 500 ℃,目前,美、英等国已研制出了使用温度 550～600 ℃ 的高温钛合金,如美国 Ti6242S,Ti1100,英国 IMI829,IMI834,俄罗斯 BT18Y,BT36 以及我国研制的 Ti-60,Ti-600 等高温钛合金。表 4.12 是这几种典型高温钛合金的性能特点。

表 4.12　几种典型高温钛合金的性能特点

钛合金牌号	Al 含量 w_t（%）	Mo 含量 w_t（%）	相转变温度（℃）	性能特点
Ti6242S	6	2	995±10	热稳定性和蠕变强度的良好结合
Ti1100	6	0.4	1 015	良好的高温蠕变性能
IMI834	5.5	0.3	1 045±10	较宽的两相区热加工工艺窗口;良好的疲劳性能和蠕变性能匹配
BT36	6.2	0.7	1 000～1 025	良好的高温蠕变性能;非常细小的显微组织
Ti-60	5.8	1	1 025	良好的热稳定性和高温抗氧化性

1. Ti6242S 合金

Ti6242S(Ti-6Al-2Sn-4Zr-2Mo-0.1Si)是美国早期研制的一种高温钛合金,属于近 α 型结构,强度达到 930 MPa,最高使用温度为 540 ℃,研发人员通过对 Ti6242S 的合金元素含量进行调整,研制出了 Ti1100(Ti-6Al-2.75Sn-4Zr-0.4Mo-0.45Si),使其使用温度提高到 600 ℃,该合金已应用于 T55-712 发动机的高压压气机轮盘和低压涡轮叶片等部件。美国惠普公司近年研制出的 Ti-1270 高温钛合金,试验过程中使用温度可达 700 ℃,计划用于 X-33 演示机及 F-35 联合战斗机。

2. IMI834 合金

IMI834(Ti-5.8Al-4Sn-3.5Zr-0.7Nb-0.5Mo-0.35Si)是英国研制的 IMI829 的改进

型,合金中 Nb 的加入在保证热稳定性的基础上,最大限度提高了合金的强度,室温强度达到 1 070 MPa,该合金焊接性能优异,已应用于 B777 飞机的 Trent - 700 发动机上。

3. BT36 合金

BT36(Ti - 6.2Al - 2Sn - 3.6Zr - 0.7Mo - 0.1Y - 5.0W - 0.15Si)合金是俄罗斯在 20 世纪 90 年代研制的一种重要的高温合金,使用温度达到 600~650 ℃,合金中加入 Y 达到细化晶粒改善塑性的效果,加入 W 提高了合金的热强性。

4. Ti - 60 合金

我国研制了 Ti - 55,Ti - 60(Ti - 5.8Al - 4.8Sn - 2Zr - 1Mo - 0.35Si - 0.85Nd),Ti - 600, Ti - 53311S 等高温合金。Ti - 53311S 使用温度在 550 ℃左右,其成分与 IMI829 类似,但 Mo 含量更高,高温瞬时强度大,高温下具有良好的承载能力,在航空领域已获得应用。Ti - 60 属于 Ti55 的改型,其使用温度达到 600 ℃,室温强度达到 1 100 MPa,合金元素 Nd 改善了合金的热稳定性。Ti600 合金的 600 ℃强度达到 740 MPa 以上,同时保持良好的伸长率和断面收缩率。

5. Ti - Al 系金属间化合物

近年来,钛铝金属间化合物开始受到关注,Ti - Al 系金属间化合物合金被国际公认为是最有希望的航天、航空、汽车等发动机用轻质高温结构新材料,主要以 Ti3Al 和 TiAl 为基础,最高使用温度达到 800 ℃以上,抗氧化能力强,抗蠕变性能好,且质量更轻。以 Ti - 3Al 为基的 Ti - 21Nb - 14Al 和 Ti - 24Al - 14Nb - 3V - 0.5Mo 在美国已开始批量生产,但目前研制的钛铝合金塑性较差,使其在航空发动机上的应用受到了限制。典型 Ti - Al 系金属间化合物包括 Ti3Al,TiAl 和 TiAl3。其性能和普通钛合金的比较见表 4.13。

表 4.13　普通钛合金、Ti_3Al、TiAl 合金性能比较

性　能	Ti 基合金	Ti_3Al 基合金	TiAl 基合金
结构	Hcp/bcc	DO_{19}	$L1_0$
密度 $\rho/(g \cdot cm^{-3})$	4.5	4.1~4.7	3.7~3.9
弹性模量 E/GPa	95~115	110~145	160~180
屈服强度 $\sigma_{0.2}$/MPa	380~1 150	700~990	350~600
抗拉强度 σ_b/MPa	480~1 200	800~1 140	440~700
室温塑性/(%)	10~25	2~10	1~4
高温塑性/(%)	12~50	10~20/660	10~600/870
室温断裂韧性 K_{IC}/(MPa·$m^{1/2}$)	12~18	13~30	12~35
蠕变极限/(℃)	600	750	750[1]~950[2]
抗氧化极限/(℃)	600	650	800[3]~950[4]

注:①双态组织;②板条状组织;③无涂层;④涂层/控制冷却。

(1)TiAl 基合金。由于未来航空发动机推重比将达到 10 以上,为了提高航空航天飞行器发动机的推重比、节省燃料,提高材料的工作温度并减轻其结构重量是一种较为重要的方法。TiAl 基合金具有低密度、低扩散率、高熔点、高弹性模量、良好的高温强度、抗蠕变性能、结构稳定性、抗氧化性能以及阻燃性能等优点,其高温强度和刚性都高于 Ni 基和 Ti 基合金,成为航空航天领域具有巨大潜力的新型高温结构材料。其密度为 $3.76\ kg\cdot m^{-3}$,远远小于 Ni 基合金($8.3\ kg\cdot m^{-3}$)和 Ti 基合金($4.5\ kg\cdot m^{-3}$)的密度,所以应用 TiAl 基合金可减轻材料重量一半以上。如图 4.12 所示对比了各种航空结构材料不同温度下的比强度。

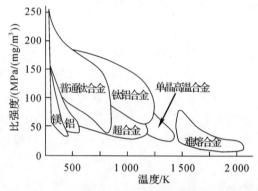

图 4.12 航空用结构材料比强度随温度的变化图

TiAl 基合金在 600~750 ℃温区内有良好的抗蠕变性,它可部分代替高密度的镍基合金;良好的抗燃烧性使 TiAl 基合金有可能代替密度较大、价格昂贵的钛基阻燃合金。典型的 TiAl 合金与拉伸性能之间的相互关系见表 4.14。

表 4.14 典型的 TiAl 合金拉伸性能之间的相互关系

成分(原子%)	组织状态	拉伸强度 $\sigma_{0.2}$ MPa	屈服强度 σ_b MPa	延伸率 δ (%)
Ti-46.5-2.5V-1.0Cr	FL	399	428	1.6
	NL	420	460	1.4
	DP	450	535	4.8
	NG	369	427	1.5
Ti-48Al-2Cr-2Nb	FL	454	—	0.5
	DP	480	—	3.1
Ti-46Al-2Cr-3Nb-0.2W	FL	473	473	1.2
	DP	462	462	2.8

注:DP 组织:双态组织;NL 组织:近层片组织;FL 组织:全层片组织。

(2)Ti_3Al 及 Ti_2AlNb 基合金。Ti_3Al 基合金作为轻质高温结构材料,具有突出的高弹性模量和高温比强度,是进入成熟应用研究阶段的金属间化合物,被视为有助于航空航天飞行器发动机通过结构质量减轻实现性能提升的理想轻密度高温结构材料。但是同时具有室温脆性和韧性低的缺点,这是因为 Ti_3Al 基合金室温时缺乏足够的形变方式和超点阵位错低的可动性。

在 Ti_3Al 基合金韧化机制的研究过程中,人们发现稳定元素 Nb 的添加可以改善 Ti_3Al

基合金的断裂韧性、室温塑性和抗高温氧化性。发现 Nb 元素含量的增加会导致一种具有 CmCm 晶体结构的新相 Ti_2AlNb 出现,该相属于正交晶系的有序相,故称为 O 相(Orthorhombic phase)。Nb 在 Ti_2AlNb O 相合金中的存在可以有效提高合金的使用温度。该合金不仅具有较高的比强度、比刚度,还有高温蠕变抗力、断裂韧性高、热膨胀系数低、缺口敏感性低、无磁性等特点,可以使传统高温合金减轻 35%~40%,提高航空发动机的推重比。Ti_3Al 基合金与 Ti_2AlNb 基合金通常由 α 相、O 相及 β/B2 相中的两相或者三相组成,Ti_2AlNb 基合金中相的晶格参数见表 4.15。

表 4.15 Ti_2AlNb 基合金中相的晶格参数

相	晶体结构	a/nm	b/nm	c/nm
O	orthorhombic	0.609	0.957	0.467
$α_2$	hcp	0.58	—	0.46
B2	bcc	0.32	—	—

在美国,Ti_2AlNb O 相合金已经应用在压气机机壳以及其他低风险部件中。20 世纪 90 年代末期,美国将 Ti_2AlNb O 相合金与铸造 γ-TiAl 合金叶轮组合使用,制成了重量和成本都低于以往的双金属离心叶轮。美国的 TEXTURE 公司以 Ti_2AlNb O 相合金箔材为金属基与 SiC 纤维增强制作复合材料,为航天飞机的蒙皮和发动机部件的制造作材料准备。Ti_2Al-Nb O 相合金制造的构件也已成功应用于我国卫星发动机中,我国钢铁研究总院先后试制 Ti-22Al-23Nb,Ti-22Al-25Nb,Ti-22Al-27Nb,Ti-22Al-24Nb-3Ta,Ti-22Al-20Nb-7Ta 等试验合金,最终确定 Ti-22Al-25Nb 的成分设计,该合金的拉伸性能见表 4.16,其他主要力学性能见表 4.17,如图 4.13 所示是该合金的铸锭、棒材、环状产品照片。

表 4.16 Ti_2AlNb 合金拉伸性能

	拉伸性能							
	室温				650 ℃			
	抗拉强度 $σ_b$ MPa	屈服强度 $σ_{0.2}$ MPa	延伸率 $δ_5$ (%)	断面缩率 $Ψ$ (%)	抗拉强度 $σ_b$ MPa	屈服强度 $σ_{0.2}$ MPa	延伸率 $δ_5$ (%)	断面缩率 $Ψ$ (%)
Ti_2AlNb 合金棒材	1 160	1 070	12.5	16.0	945	845	17.0	27.0
Ti_2AlNb 合金板材	1 120	1 020	8.0	—	880	730	13.5	—
Ti_2AlNb 合金环形件	1 140	1 050	10.5	14.0	880	785	20.0	65.0

表 4.17 Ti_2AlNb 合金其他力学性能

	断裂韧性 K_{IC} MPa·$m^{1/2}$	高周疲劳强度 $σ_{-1}$ MPa		疲劳强度 $σ_τ$ h	冲击强度 $α_k$ (J·cm^{-2})			延伸率 $δ$ (%)
	RT	RT	650 ℃	650 ℃ 320 MPa	650 ℃	RT	750 ℃	650 ℃
Ti_2AlNb 合金环形件	39	549	600	281	77	11	56	700

图 4.13 Ti-22Al-25Nb 合金铸锭、棒材、环状产品

4.3.3 阻燃钛合金

钛及钛合金因比重小、比强度高、耐蚀性好等优点被广泛应用于航空领域,比如航空发动机上的盘件、叶片和机匣等部件都可采用钛合金制造。然而,在一定的温度、压力和气流环境下,常规钛合金容易被点燃而发生持续燃烧。燃气涡轮发动机上发生的"钛火"蔓延速度很快,从燃烧开始到结束仅 4~20 s,难以采取灭火措施,因而限制了钛合金在先进航空发动机中的应用范围。因此,各国都在寻找问题的原因以及解决方案。分析表明,钛合金燃烧源于高能摩擦。钛合金在空气中的燃点高于 1 600 ℃,而发动机中的工作温度远低于其燃点,本不应引起燃烧,但是与铝、镁合金不同,钛合金具有较低的热导率和较高的干摩擦系数,在航空发动机中的高温、高压环境下,极易因摩擦导致局部高温而起火。

现在常用的钛合金阻燃技术包括阻燃涂层、表面合金化、采用替代金属和阻燃钛合金。其中美国普惠公司曾尝试用镍基或铁基合金替代钛合金可以避免燃烧事故的发生,然而这将明显降低航空发动机的推重比。所以钛合金的优异性能使得各国致力于改善其缺陷,从而提高其在高性能航空发动机中的应用。因此,现在常用的阻燃方式是采用阻燃钛合金。在一定的环境温度、压力和气流速度下不易被点燃或燃烧不易蔓延的钛合金被称为阻燃钛合金。

美国、苏联国从 20 世纪 70 年代开始就开展了阻燃钛合金的研究。美国研制出了 Alloy C(Ti-35V-15Cr)阻燃钛合金,属于 β 型合金,该合金具有良好的高温强度和抗氧化能力,但在高温(特别是 482 ℃ 以上时)工作时,合金易发生氧化,该合金已应用于 F-119 发动机的高压压气机机匣、导向叶片和矢量喷管。苏联研制出 Ti-Cu-Al 系 BTT-1(Ti-13Cu-4Al-4Mo-2Zr),BTT-3(Ti-18Cu-2Al-2Mo)阻燃钛合金,BTT-1 是在 Ti-Cu 二元合金的基础上添加少量铝、钼和锆等合金元素制成,具有良好的热加工性,被用于发动机压气机机匣和叶片。BTT-3 合金与 BTT-1 相比,塑性更高,阻燃性更好,可用于制备更加复杂的发动机零件,但这两种合金的整体力学性能和铸造性能较差,至今未能工程化。

我国对阻燃钛合金的研究起步较晚,西北有色研究院研制出了 Ti-40(Ti-25V-15Cr-0.4Si)阻燃钛合金,该合金 V 含量较低,具有良好的机械性能,阻燃性能与 Alloy C 性能相当,在 500 ℃ 可长期使用,该合金已进入工业规模的研究阶段。之后,西部超导材料科技股份有限公司(WST)联合西北有色金属研究所、北京航空材料研究院、西北工业大学等在 Alloy C,Alloy C+ 和 Ti40 合金的基础上,通过调整 Si,C 元素的含量,研制出一种新型高合金化 β 型阻燃钛合金 TF550,该合金具有良好的室温、高温拉伸、蠕变和断裂韧性等综合性能。

阻燃钛合金的研究与应用虽取得了一些成就,但是总体上远未达到成熟程度。主要突出问题在于熔炼困难、加工性能差,大量合金元素使用时钛合金整体力学性能下降,贵金属含量大,成本高昂。常见阻燃钛合金系见表 4.18。

表 4.18　常见阻燃钛合金系列及应用

系　列	牌　号	成　分	应　用
Ti - V - Cr 系	Alloy C	50Ti - 35V - 15Cr	高压压气机静子叶片、内环和喷口调节片
	Alloy C⁺	Ti - 35V - 15Cr - 0.6Si - 0.05C	压气机整流叶片、喷口收敛调节片、尾喷管
	Ti40	Ti - 25V - 15Cr - 0.2Si	冷成型支架和加强杆
	TF550	Ti - 35V - 15Cr - Si - C	高压压气机机匣、压气机整流叶片
Ti - Al - Cu 系	BTT - 1	Ti - 13Cu - 4Al - 4Mo - 2Zr	压气机机匣、叶片
	BTT - 3	Ti - 18Cu - 2Al - 2Mo	板材零件
	Ti14	Ti - 13Cu - 1Al - 0.2Si	高温和承载部件
Ti - Nb 系	Ti - 45Nb	—	铆钉连接件

1. Ti - V - Cr 系阻燃钛合金

Ti - V - Cr 系阻燃钛合金是目前最具工程意义的航空发动机用功能性结构材料。Ti - V - Cr 系阻燃钛合金具有较好阻燃性能的原因是:①V,Cr 等元素能使燃烧前沿快速形成一层致密的保护性氧化膜,有效隔离氧向基体输送,起到阻燃作用;②V,Cr 的燃烧产物以气相形式逸出,因此,燃烧过程中放热小,抑制燃烧蔓延;③合金熔点较低,在燃烧前就已软化或熔化,同时大量吸热使局部温度降低;④合金导热性好,热量能快速散开,所以可避免局部温升。

(1)Alloy C 合金。在 Ti - V - Cr 系阻燃钛合金中,最具代表性的材料是由美国普惠公司于 20 世纪 80 年代研制的一种稳定 β 型钛合金 Alloy C(Ti - 35V - 15Cr),是目前工业用 β 钛合金 Mo 当量最高的合金。Cr 元素使合金具有很好的高温强度和抗氧化能力及阻燃性。Alloy C 合金在美国的四代机动力 F - 119 发动机上获得大量应用,以取代原先采用的镍基合金应用于 F - 119 发动机(F/A - 22 战斗机的动力装置)的高压压气机机闸和矢量尾喷管及导向叶片。如图 4.14 所示是 Alloy C 合金和 TC4 合金的燃烧性能比较图。从图中可以看出,Alloy C 合金比 TC4 合金能承受更高的温度和压力而不发生燃烧,其阻燃性能提高了很多。

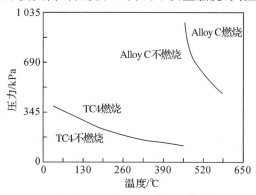

图 4.14　Alloy C 与 TC4 燃烧性能比较图

（2）Alloy C⁺合金。在 Alloy C 合金基础上，普惠公司还研制了 Alloy C⁺（Ti - 35V - 15Cr - 0.6Si - 0.05C）合金，此合金通过少量添加 Si 元素达到提高合金蠕变性能，其室温屈服强度可达到 1 200 MPa，同时添加 C 元素以提高合金的高温稳定性。但该合金存在加工性能较差、高温抗氧化能力不足和价格昂贵等问题。

（3）Ti40 合金。Ti - 40（Ti - 25V - 15Cr - 0.4Si）合金是西北有色金属研究院研制的一种新型稳定 β 型阻燃钛合金，室温下只有 β 相存在。经高温长时间暴露，合金中会有第二相析出，如 540 ℃/100 h/250 MPa 暴露，合金中析出少量 Ti5Si3 相。该合金具有良好的机械性能和阻燃性能，其成本比 Alloy C 阻燃钛合金低，阻燃性与其相当，为 500 ℃长期使用的钛合金材料，用于承力结构，其使用温度最高不能超过 520 ℃。

（4）TF550 合金。北京航空材料研究院以 Alloy C⁺合金为基础，进一步优化 Ti - 35V - 15Cr - Si - C 合金的 Si，C 含量，研发出 TF550 合金，密度为 5.33 g·cm⁻³。该合金在 550 ℃仍具有很好的蠕变和持久性能，其使用温度比 Ti40 合金提高了 50 ℃。表 4.19 对比了 Ti40 合金和 TF550 合金的热稳定性能，表中的数据为试样热暴露后测试的室温拉伸性能。可见，TF550 合金的高温性能更有优势。

表 4.19　Ti40 与 TF550 合金的热稳定性能

合　　金	暴露条件	室温拉伸性能			
		强度极限 σ_b MPa	屈服极限 $\sigma_{0.2}$ MPa	延伸率δ（％）	断面缩率 Ψ（％）
Ti40	500 ℃/100h	1 030	1 004	10.4	16.0
	520 ℃/100 h	1 060	1 024	4.6	7.0
TF550	500℃/100h	1 027	1 010	3.4	4.7
	520 ℃/100 h	1 036	975	7.6	11.2

2. Ti - Cu - Al 系阻燃钛合金

在所有的共晶系当中，Ti - Cu 系对开发阻燃钛合金最有意义。Cu 具有良好的导热性能，当 Cu 含量达到 $17w_t\%$ 时会形成共晶体，仅少量液相就可以达到必要的阻燃效应，因而不需要合金全都是共晶体，这些液相的出现会使摩擦系数和磨损率显著下降。除此之外，α 相与 β 相的溶解度因随温度升高变化，最终在界面上形成一层富铜阻隔层，阻止氧向基体扩散。苏联在 Ti - Cu 系合金基础上发展了 Ti - Cu - Al 合金。其基本思路为减少摩擦发热和加热金属，从而抑制合金燃烧。但与 Ti - V - Cr 系合金相比，Ti - Cu - Al 系阻燃合金的综合力学性能较差，工作温度也较低。其阻燃原理是靠材料在高温下软化来减轻摩擦副的接触压力，避免在高温下叶片对机匣的刮磨，从而防止了金属新鲜表面在高温下出现。

（1）BTT - 1 和 BTT - 3 合金。苏联从摩擦机理入手，以 Ti - Cu 共晶系为基础成功地研制出 BTT - 1 和 BTT - 3 两个阻燃钛合金。BTT - 1（Ti - 13Cu - 4Al - 4Mo - 2Zr）是在 Ti - Cu 二元合金的基础上添加少量的 A1，Mo，Zr 等合金元素制成的，具有良好的热变形工艺性能，可用于制造复杂的零件，工作温度可达 450 ℃。该合金的模锻件和棒材已用于制造实验用发动机的零部件，并在发动机试车台上经过了试车实验。BTT - 3（Ti - 18Cu - 2Al - 2Mo）也是在 Ti - Cu 系基础上研制的，塑性比 BTT - 1 更好，适合加工成板材和箔材。BTT - 1 和 BTT - 3 合金的主要缺点是断裂韧性低，对应力集中比较敏感，熔炼性能很差，缩孔严重。

BTT-1 合金在 650 ℃下能被点燃,而 BTT-3 合金在 800 ℃下仍不能点燃。两种合金的机械性能见表 4.20。

表 4.20 BTT-1 和 BTT-3 的机械性能

性　能	BTT-1 合金 (Φ20 mm 棒材)				BTT-3 合金 (厚度为 2 mm 棒材)	
温度	20℃	350 ℃	450 ℃	500 ℃	20 ℃	350 ℃
抗拉强度 σ_b/MPa	950~1 150	—	—	—	600~750	—
屈服强度 $\sigma_{0.2}$/MPa	900~1 100	—	—	—	420~460	—
延伸率 δ/(%)	4~8	—	—	—	10	—
断面收缩率 Ψ/(%)	10~20	—	—	—	—	—
σ_{100}/MPa	—	720	550~600	300	—	320
$\sigma_{-1} 2\times10^7$/MPa	45-58	—	—	—	38	—

(2)Ti14 合金。Ti14(Ti-13Cu-1Al-0.2Si)合金是一种 $\alpha+Ti_2Cu$ 形式的钛合金,Ti_2Cu 熔点为 990℃,超过 990 ℃的该合金为半固态,低熔点的 Ti_2Cu 相是它抗燃烧的主要原因,具有较好的加工性能、室温性能、热稳定性和阻燃性,但是蠕变和熔炼性差。Ti14 合金是由西北有色金属研究院研制的,是我国具有自主知识产权的一种新型阻燃合金,主要用作航空发动机材料。最重要的是热稳定性能,它决定了合金的使用寿命和发动机的可靠性。

3. Ti-45Nb 合金

由于铌在钛合金主要合金元素中,具有最小的氧化生成热,所以也发展了 Ti-Nb 系阻燃钛合金,并且也有很好的抗蚀性能。Ti-45Nb 合金是美国华昌公司研制的一种商用阻燃钛合金,主要解决高压釜用钛合金的燃烧问题。该合金具有较好的物理和机械性能,可大大减少起火问题。Ti-45Nb 合金在退火态具有较好的拉伸性能(441~490 MPa)、剪切强度(365 MPa)和高的塑性(延伸率为 10%,断面收缩率为 50%),适合用于制造复合材料的铆钉连接件。

4.4 钛合金在航空领域中的应用

钛合金具有比强度高、密度小等优异性能,与碳复合材料具有良好的相容性,是飞机机体和发动机的重要结构材料之一。作为减重效果良好的机体材料,从 20 世纪 50 年代开始钛合金在商用及军用飞机领域的用量伴随各自产品的升级换代呈稳步增长趋势。到目前为止,在国内外大飞机市场上,越是先进的新型飞机,越是宽体飞机,用钛量越大(见图 4.15)。民用飞机的钛用量增大的同时,复合材料用量也在增大,见表 4.21。

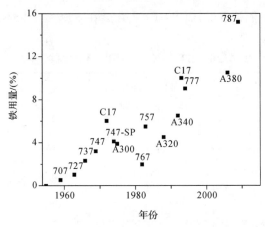

图 4.15 飞机结构中钛合金用量的变化

表 4.21 空客飞机钛合金和复合材料用量

机 型	钛合金用量	复合材料用量
第三代客机 A320	4.5%	5.5%
第四代客机 A340	6%	8%
A380	10%	25%

4.4.1 钛合金在飞机机身构架上的应用

钛合金在机身构架中主要用于防火壁、蒙皮、隔框、大梁、舱门、起落架、翼肋、紧固件导管、拉杆等部件。钛合金在使用初期,主要应用于受力不大的结构件,如飞机支座、接头、框架、隔热板、减速板等,其中不乏铸件,最早应用的钛合金铸件之一是襟翼滑轨。经过早期的这些相对简单的非关键性结构件在飞机上的应用证明:钛合金在飞机上应用是可靠的。从 20 世纪 80 年代开始,随着钛合金部件成型技术和本身质量的大幅提升,不少受力结构件也开始选用钛合金,如波音飞机上吊装 CF6-80 发动机的安装吊架,是受力条件非常严峻的结构件。近年来,美国、苏联等发达国家对飞机机身上钛合金的用量不断增加。

在军用飞机领域,钛合金的用量发展是非常迅速的,苏联的伊尔-76 运输机的钛用量达到 12%,法国幻影-2000 和苏联苏-27CK 战斗机的钛用量分别达到 23% 和 18%。1950 年在 F-84 战斗轰炸机上采用工业纯钛制造后机身隔热板、导风罩和机尾罩等非承力构件,钛合金在飞机制造过程中便显现了无与伦比的优势,钛合金在机身上的应用范围逐年增长。表 4.22 为美国主要军用飞机上钛合金的用量,其中 F-22 和 F-35 战斗机、B1 和 B2 轰炸机的钛合金用量达到了 20% 以上。

表 4.22 美国主要军用飞机上钛合金用量百分比

机 型	F/A-18 A/B	F/A-18 C/D	F/A-18 E/F	F-22	F-35	B1	B2	C-17
开始服役年份	1980 年	1986 年	2002 年	2005 年	2008 年	1986 年	1991 年	1992 年
钛合金用量/(%)	12	13	15	41	27	21	26	10.3

在民用飞机领域,钛合金的用量也在不断扩大,目前国外主流民航机中机体用钛材量占机身总重达到 6% 以上。表 4.23 为美国及欧洲民航飞机的钛用量,其中美国 B787 客机在研制过程中,为了达到大幅减重以达到降低 20% 的油耗,投入 3 亿美元研发经费,大量采用钛合金替代铝合金,最终整个飞机机体钛合金用量达到 11%,在民用飞机领域已占到了很高的比重。俄罗斯正在研制的新一代客机 MS-21 的钛合金用量达到了 25%,计划在 2016 年向市场推出,将成为世界上钛合金用量最高的民用飞机。

表 4.23　国外民航飞机钛合金用量

机　型	B777	B787	A320	A340	A350	A380
开始服役年份	1994 年	2010 年	1988 年	1993 年	2013 年	2007 年
钛合金用量/(%)	8	11	4.5	6	9	10

我国在 20 世纪 80 年代研发的歼八战斗机钛合金的用量仅为 2%,重量为 93 kg,歼-10 战斗机钛合金的用量提高到 3%,但与国外第三代、第四代军用飞机的钛用量相比,仍然存在很大差距。近年来,我国加大了钛合金在军用航空领域的应用,预计我国新一代高性能战斗机的钛用量将达到 25%~30%。

钛合金因其高比强度和优异的耐腐蚀性等突出特性,被广泛应用于铝合金、高强度钢和镍基高温合金的质量、强度、抗蚀性和高温稳定性等综合性能不能满足要求的飞机零部件中。表 4.24 为钛合金在各种型号飞机机身上的应用部位。

表 4.24　钛合金在飞机机身中的应用部位

机　型	钛合金	应用部位
L-1011	Ti-13-11-3	弹簧
F-15	Ti-13-11-3 Ti6-4	机体蒙皮
MD-11	Ti-38-6-44	起落架
A330,A340,A380	Ti-10-2-3 β-C	起落架
伊尔-86,伊尔-96-300	BT-22	舱壁骨架
F-22	Ti6-4 Ti6-22-22 S	舱壁骨架
B777	Ti-10-2-3、β-C、Ti-15-3 Ti-6-4、β-21S	起落架,货仓栏杆,舱壁管,龙骨,隔音板

4.4.2　钛合金在航空发动机上的应用

喷气发动机是飞机的心脏。发动机的风扇、高压压气机盘件和叶片等转动部件,不仅要承受很大的应力,而且要有一定的耐热性,即要求钛在 300~650 ℃ 温度下有良好的抗高温强度、抗蠕变性和抗氧化性能。这样的工况条件,对铝合金来说温度太高;对钢来说密度太大;钛合金是最佳的选择。因此,钛在先进发动机上的应用不断扩大。目前,钛合金以其优异的特性在飞机上的应用日趋扩大,在喷气发动机中可用于压气盘、静叶片、动叶片、机壳、燃烧室外壳、排气机构外壳、中心体、喷气管、机匣等。其中,叶片、机匣等部件目前已采用钛合金铸件,Rolls - Royce (Trent900)和 GE/Pratt & WhitneyEngine Alliance (GP7200)两家公司生产的 A380 客机的新型发动机的风扇直径为 $\Phi 3$ m 左右,并采用中空钛风扇叶片。随着航空发动机对推重比和刚度要求的提高,要求一些关键钛合金结构件做成大型复杂薄壁的整体精铸件,因此目前大型复杂薄壁钛合金整体结构精铸技术已得到了充分发展。表 4.25 为欧美国家一些航空发动机的钛用量。可以看出,国外先进航空发动机的钛用量一般在 25% 以上。

表 4.25　欧美国家一些航空发动机的钛用量百分比

发动机型号	TF36	TF39	JT90	F100	F101	CF6	V2500	F119	GE90	Trent
服役年份	1965 年	1968 年	1969 年	1973 年	1976 年	1985 年	1989 年	1986 年	1995 年	2005 年
装备机型	C - 5A	C - 5A C - 5B	B747 B767 F - 5A	F - 15 F - 16	B1	A330 B747 B767	A320 A321	F - 22	B777	A380
钛合金用量/(%)	32	33	25	25	20	27	31	39	40	41

在飞机上使用较多的钛合金有 TC4,Ti - 8Al - 1Mo - 1V,Ti - 17,Ti - 6242,Ti - 6246,TC6,TC9,TC11,Ti - 1100,IMI829,IMI834 等。发动机的一个重要性能指标是推重比,即在标准大气压和静止的条件下,飞机发动机在最大工作状态时所产生的推力与其结构重量的比值。早期发动机的推重比只有 2～3,现在已达到 10,国外正在研制推重比 10～20 的发动机。提高推重比,必须提高涡轮前进气压缩比(进气量指标)与进气温度,工作温度越高,发动机的热效率越高。提高推重比也必须提高材料高温下的比强度和比刚度,减轻发动机自身的重量。

据计算,当压缩比达到 15：1 时,压气机的出口温度为 590 ℃;而当压缩比达到 25：1 时,压气机的出口温度就达到 620～705 ℃,需要耐热性非常好的钛合金。实验证明,常规钛合金只能用于 650 ℃ 以下,为制造推重比 10 以上的先进发动机,需要开发以 Ti 基复合材料、Ti_3 Al 和 TiAl 型金属间化合物为基的钛合金。目前实用性能最好的耐热钛合金是英国的 IMI829,IMI834 和美国的 Ti - 1100。它们已应用于 RB211 - 53E4 等改型发动机。高温钛合金以其优良的热强性和高的比强度,在航空发动机上获得了广泛的应用。各种型号发动机的钛合金使用情况见表 4.26。

表 4.26　钛合金在各型号发动机中的应用

发动机种类	应用年份	在飞机发动机中应用的种类					
		风扇盘	风扇叶片	高压压气机盘	动叶片	静叶片	电缆管道
Pratt & Whitney J57 JT805	1954 年	Ti6242	Ti6242	Ti64 Ti6242	Ti64 Ti6242	Ti64	
JT90	1968 年	Ti64	Ti64	Ti64 Ti6242	Ti64 Ti811		Ti64 MI550

续表

发动机种类	应用年份	在飞机发动机中应用的种类					
		风扇盘	风扇叶片	高压压气机盘	动叶片	静叶片	电缆管道
JT90		Ti64	Ti64	Ti6242	Ti6242		
F-110	1970年	Ti6242	Ti811	Ti624 / Ti811	Ti811 / Ti626	Ti6246	
PW 2037	1970年	Ti64		Ti6242	Ti6042		
GM TF-39	1968年	Ti64	Ti64	Ti6242	Ti6242		
CF6-50	1968年	Ti64	Ti64	Ti64 / Ti6242	Ti62 / Ti6242	Ti64	
CF6-80	1970年	Ti64	Ti64	Ti64 / Ti6242		Ti6242	
E3 F404 Rolls-Royce	1970年		Ti17				
Avon	1954年	Ti64	Ti64	Ti64			
RB211-5248	1960年	Ti64	Ti64	MI685			
RB211-5240	1979年	Ti64	Ti64	MI685			
RB211-53E4	1970年	Ti64	Ti64	MI685 / MI829		MI829	
Adour R/R	1970年	Ti64	Ti64	Ti64 / MI685		Ti64 / MI685	
Turbomeca							
RB199		Ti64	Ti64			MI685	
Regasus Olimpus 593M53			MI550				

　　表 4.27 统计了一些西方国家航空发动机的钛用量。从表 4.27 可知,国外先进发动机上的钛用量通常保持在 20%～35%。我国早期生产的涡喷发动机均不用钛,1978 年开始研制并于 1988 年初设计定型的涡喷 13 发动机的钛用量达到 13%,2002 年设计的昆仑涡喷发动机的钛用量达到 15%,预计我国新一代航空涡扇发动机的钛用量将达 30% 以上。

表 4.27　一些欧美国家航空发动机的钛用量

发动机型号	推出年份	装备机型	钛合金用量/(%)
J79	1956年	F-4,F-104	2
JT3D/TF33	1960年	B707,B52,F-141	15
TF36	1965年	C-5A	32
TF39	1968年	C-5A,C-5B	33

续表

发动机型号	推出年份	装备机型	钛合金用量/(%)
JT90	1969 年	B747,B767,F-5A	25
F100	1973 年	F-15,F-16	25
F101	1976 年	B1	20
CF6	1985 年	A330,B747,B767	27
V2500	1989 年	A320,A321	31

第5章 航空发动机材料及其应用

5.1 航空发动机概述

5.1.1 航空发动机简介

发动机是飞机的心脏,是飞机的性能、机动性、航程、可靠性、经济性及环境影响的主要决定因素之一。没有好的发动机,不可能有先进的飞机。随着时代的发展,飞机的航程和飞机速度不断提高,对飞机的推力、推重比的要求也越来越大,从而导致了发动机的压力比、进口温度、燃烧室温度以及转速也都大大提高。然而,发动机的性能要得到改善,必须依靠材料。材料及其相关的工艺技术,是航空发动机发展的技术基础。航空发动机发展经历了两个时期。

第一个时期:莱特兄弟的首次飞行到第二次世界大战结束(1903—1949),活塞式发动机。图5.1为活塞式发动机的结构示意图。

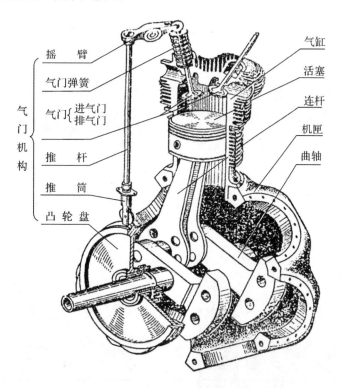

图 5.1 活塞式发动机结构示意图

(1)结构组成:它由气缸、活塞、连杆、曲轴、气门结构、螺旋桨减速器和机匣组成。

（2）工作原理：活塞航空发动机按冷却方法的不同可分为气冷和液冷式两种。活塞航空发动机多为4行程、往复式汽油内燃发动机。曲轴转动2圈，每个活塞在汽缸内往复运动4次，每次称1个冲程。4个冲程依次为吸气、压缩、膨胀和排气，合起来形成1个定容加热循环。从进气冲程吸入新鲜混合气体起，到排气冲程排出废气止，汽油的热能通过燃烧转化为推动活塞运动的机械能，带动螺旋桨旋转而做功，这一总的过程叫作一个"循环"。这是一种周而复始的运动。由于其中包含着热能到机械能的转化。

第二个时期：第二次世界大战结束至今（1949—至今），涡轮式发动机。

1．涡轮喷气发动机

图5.2为涡轮喷气发动机的结构示意图。

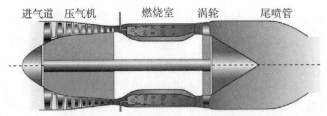

图5.2　涡轮喷气发动机结构示意图

（1）结构组成：它由进气道、压气机、燃烧室、涡轮和尾喷管组成。

（2）工作原理：进气道进气→压气机增压→燃烧室加热→涡轮膨胀做功带动压气机→尾喷管膨胀加速→排气到体外。

美国的第一代涡轮喷气发动机是通用电气公司研发的J47轴流式涡喷发动机。此发动机装在了美国F-86战斗机，如图5.3所示。

图5.3　J47轴流式涡喷发动机和F-86战斗机

苏联的第一代涡轮喷气发动机是克里莫夫设计局研制的RD-45离心式涡喷发动机。此发动机装在了苏联米格-15战斗机，如图5.4所示。

图5.4　RD-45离心式涡喷发动机和米格-15战斗机

2. 涡轮风扇发动机

图 5.5 为涡轮风扇发动机结构示意图。

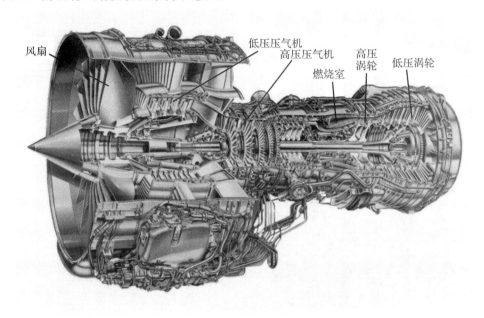

图 5.5 涡轮风扇发动机结构示意图

(1) 结构组成:它由风扇、低压压气机、高压压气机、燃烧室、高压涡轮和低压涡轮组成。

(2) 工作原理:内涵气流→压气机增压→燃烧室加热→涡轮膨胀做功带动风扇和压气机→内涵尾喷管膨胀加速→排气到体外。

涡轮风扇发动机是用燃气涡轮带动风扇,有内外两个气流通道的空气喷气发动机。由涡轮喷气发动机加装风扇和外壳构成,涡轮喷气发动机本身是气流的内通道,它同所加外壳之间的环形空间,是气流的外通道。涵道组成,按风扇位置分前风扇和后进入发动机的空气分为两部分,一部分从内涵道流过,其工作与流动情况。同涡轮喷气发动机一样;另一部分从外涵道流过,或在涡轮后与内涵道高温燃气相混合后排出,由内外涵道同时产生反作用推力。

世界上第一台涡扇发动机是 1959 年英国生产的康维,它被使用在 B707 客机上,如图 5.6 所示。

图 5.6 康维发动机和 B707 客机

20 世纪 60 年代,英、美研制出斯贝-MK202 和 TF30,用于英国购买的"鬼怪"F-4M/K

战斗机和美国的 F31 战斗机,如图 5.7 和图 5.8 所示。

图 5.7　斯贝-MK202 发动机和"鬼怪"F-4M/K 战斗机

图 5.8　TF-30 发动机和 F-31 战斗机

"太行"发动机是中国第一台自行研制的具有自主知识产权的大推力加力式涡轮风扇发动机。现主要用于歼-10 战斗机,如图 5.9 所示。

图 5.9　"太行"发动机和歼-10 战斗机

3. 涡轮螺旋桨发动机

图 5.10 为涡轮螺旋桨发动机结构示意图。

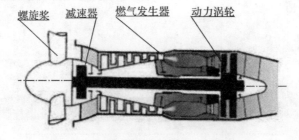

图 5.10　涡轮螺旋桨发动机结构示意图

(1) 结构组成:它由进气道、压缩器、燃烧室、涡轮以及螺旋桨等部件和燃料系统、润滑系统、起动系统等组成。

（2）工作原理：进气道进气→压气机增压→燃烧室加热→涡轮膨胀做功带动压气机和螺旋桨→尾喷管膨胀加速→排气到体外。

涡轮螺旋桨发动机是主要靠燃气涡轮带动螺旋桨获得推进力的喷气发动机。由涡轮经减速器带动螺旋桨旋转产生主要拉力，同时还能利用喷管排出的燃气，产生占总推力 10% 左右的辅助推力。

4. 涡轮轴发动机

图 5.11 为涡轮轴发动机结构示意图。

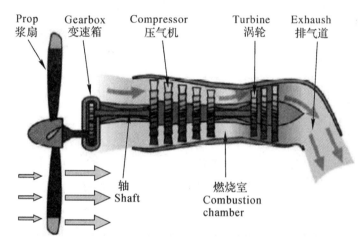

图 5.11 涡轮轴发动机结构示意图

（1）结构组成：它由进气道、压气机、燃烧室、涡轮、尾喷管、功率输出轴和主减速器等组成。

（2）工作原理：进气道进气→压气机增压→燃烧室加热→涡轮膨胀做功带动压气机和旋翼→尾喷管膨胀加速→排气到体外。

涡轮轴发动机是燃气通过涡轮带动转轴输出轴功率的空气喷气发动机。一般都有动力涡轮，由于动力涡轮不与压缩器相连接，又称自由涡轮。它主要用于直升机，通过动力涡轮把功率传给输出轴，经减速器带动旋翼旋转，由喷气产生的推力很小。

5.1.2 航空发动机工作原理

空气通过进气道减速增压，并以最小的流动损失进入到压气机。压气机以高速旋转的叶片对空气做功压缩空气，提高空气的压力。高压空气进入燃烧室，在燃烧室内与燃油充分混合后燃烧，产生高温高压的气体进入涡轮。高温高压的气体首先在涡轮中膨胀，推动涡轮高速旋转带动风扇（涡扇发动机的主要推力由风扇产生）和压气机。随后燃气在尾喷管中继续膨胀，提高燃气速度，使之高速喷出，产生推力。图 5.12 为涡扇发动机工作原理图。

航空发动机主要分为 5 大部件，分别是进气道、压气机、燃烧室、涡轮和尾喷管。

1. 进气道

航空发动机进气道主要的作用是在各种工作状态下，能够将足够量的空气，以最小的流动损失，引入压气机。进气道可分为亚音速进气道和超音速进气道，民航发动机的进气道多为亚音速进气道。图 5.13 为进气道工作原理图。

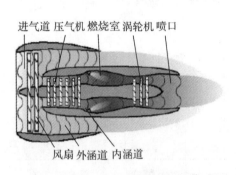

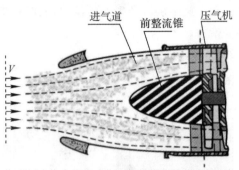

图 5.12　涡扇发动机工作原理图　　　图 5.13　进气道工作原理图

亚音速进气道是扩张型的管道。它由壳体和整流锥组成。进气道的前端如图所示是扩张型的管道，而前整流锥的后部管道稍微有些收敛。气体进入进气道后，速度会下降，压力和温度都会上升，形成减速增压的过程。经过整流锥后，气体的速度会稍有上升，压力和温度略会降低，气体能较均匀地流入压气机，保证压气的正常工作。

2. 压气机

压气机是航空发动机的重要组成部分之一。它的主要作用是通过高速旋转的叶片对空气做功，对流过它的空气进行压缩，提高空气的压力，为之后在气体在燃烧室中的燃烧创造条件，以改善发动机的经济性，增加发动机的推力。

压气机从构型上可以分为离心式和轴流式两种。评定压气机性能的主要指标是增压比、效率、外廓尺寸和重量等。此外，轴流式压气机较离心式压气机相比，增压比大，效率高，单位空气流量大。故现役的民航发动机多为轴流式压气机。图 5.14 为 CFM56 发动机的高压压气机部分。

3. 燃烧室

燃烧室是发动机的重要部件之一。燃烧室位于压气机和涡轮之间，其主要作用是高压空气和燃油充分混合燃烧，将化学能转化为热能，形成高温高压的燃气。发动机的可靠性、经济性和寿命很大程度由它决定。图 5.15 为 GP7000 发动机燃烧室效果图。

图 5.14　CFM56 发动机高压压气机　　　图 5.15　GP7000 发动机燃烧室效果图

4. 涡轮

涡轮是航空发动机的重要部件之一。安装在燃烧室的后面,它的作用是将高温燃气中的热能和压力位能转变为功,高温高压的气体在涡轮中膨胀,推动涡轮旋转,带动风扇和压气机工作。航空燃气涡轮的特点是功率大、燃气温度高、转速高、效率高和重量轻。如图 5.16 为 GP7000 发动机的涡轮示意图。

涡轮可分为轴流式和径流式两类。民航发动机多采用轴流式涡轮。轴流式涡轮又可分为冲击式和反力式两种。涡轮的结构也分转动部分和固定部分。转动部分叫作涡轮转子,固定部分叫作涡轮静子。涡轮转子由涡轮盘、涡轮轴、工作叶片和连接零件等组成。涡轮静子由涡轮机匣和导向器等部分组成。图 5.17 为 CFM56 发动机的转子叶片。

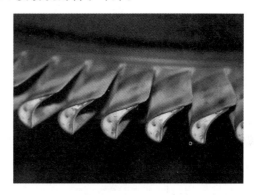

图 5.16 GP7000 发动机的涡轮示意图　　　　图 5.17 CFM56 发动机的转子叶片

5. 尾喷管

尾喷管安装在涡轮的后部,也是发动机的重要部件之一,主要作用是将从涡轮流出的燃气膨胀加速,将燃气部分的焓转变为动能,提高燃气速度,使燃气以很大的速度排出,产生较大的推力。图 5.18 为 CFM56 发动机的尾喷管。

图 5.18 CFM56 发动机的尾喷管

5.1.3 航空发动机制造难点

航空发动机运行在高温、高压、高转速和高负荷等苛刻条件下,要求重量轻、体积小,使用安全可靠、经济性好,因而必须设计精巧、加工精密,这些都给材料与制造工艺提出了更高的要求。而且航空发动机技术涉及专业广、结构复杂、性能水平高、新材料应用多、技术难度大、投资大、周期长,研制难度之大,超乎想象。

1. 航空发动机设计之难

喷气式发动机的工作特点是高温、高压、高转速、高负荷。在喷气式发动机中,最关键的压气机、燃烧室、涡轮组成发动机的核心机。为了达到更高的增压比和工作效率,必须合理设计高压涡轮和低压涡轮的转速;燃气温度高,防止燃烧室火焰筒壁被烧蚀,除了选择耐高温材料和耐热涂层还不够,还要通过燃烧室结构设计,采取冷却手段,降低燃烧室筒壁温度,保证燃烧室正常工作。除此之外,航空发动机的外部运行环境极其严苛,要适应从地面高度到万米高空缺氧环境、从地面静止状态到每小时数千米的超音速状态和从沙漠干燥环境到热带潮湿环境。总之,要让航空发动机在高温、高寒、高速、高压、高转速、高负荷、缺氧、振动等极端恶劣环境下,到达数千小时的正常工作寿命,这就对航空发动机的设计、制造、安装提出了极高的要求。

2. 航空发动机先进材料和制造之难

航空发动机综合了多学科和多种专业的技术成果:喷气式发动机上大量使用高强度材料和耐高温合金,零部件精度要求达到 μm 级,叶片型面复杂,燃烧系统和加力系统薄壁焊接零件多,大量使用定向凝固、粉末冶金、复杂空心叶片精铸、复杂陶瓷型芯制造、钛合金锻造、微孔加工、涂层与特种焊接等先进制造技术。

我国航空发动机材料技术与国际先进水平相比还存在较大的差距,包括应用水平、材料基础、制造工艺和设计方法。发动机最关键的是压气机、燃烧室和涡轮。特别是涡轮,在工作过程中,现代喷气发动机的涡轮叶片通常要承受 1 600~1 800 ℃ 的高温,同时还要承受 300 m/s 左右的风速,以及由此带来的巨大的空气压力,在这种极为恶劣的工作环境下可靠工作成千上万个小时。目前中国在这方面材料的研究差距与国外相比非常大,以至于中国没有民用的发动机。

3. 我国航空发动机试验技术和手段相对落后

航空发动机是一种高温、高压、高速旋转的热力机械,需在广阔的飞行范围和恶劣的环境条件下,长期反复使用、高效可靠地工作。发动机内部复杂的气动、热力过程、结构形式和控制规律,决定了它的研究和发展是一个设计—制造—试验—修改设计—再制造—再试验的反复迭代过程。

国外在较好的技术基础上,研制一台推重比 8 的一级中等推力军用涡扇发动机,需要做 10×10^4 h 的零部件试验、4×10^4 h 的构件材料试验和 1×10^4 h 的整机试验,需要 10~15 年时间、耗资 10 亿美元以上。而我国在发动机特种试验技术领域经验欠缺,如发动机吞咽(吞鸟、吞冰、吞水和吞砂)、包容(也称风扇叶片甩出试验,是最危险、最费钱的试验)等试验技术。

5.2　航空发动机材料的国内外现状

5.2.1　航空发动机材料的性能要求

航空发动机实际上是一种产生强大推力的高温气体发生器,它把燃油中的热能转变为机械能和电能,并使气体加热膨胀,产生强大的动力。作为航空用途,对于发动机的重量及飞行阻力还有更高的要求,因此,常用推重比以及推力和迎风面积比来衡量发动机性能的优劣。而对于发动机材料,不仅要求具有所必需的成分和力学性能,而且要求在燃油燃气腐蚀环境中具有足够的可靠性。

(1) 在 300 ℃(2 000 ℉)以上数千小时的工作时间。

(2) 承受急剧的温度变化和大的温度梯度引起的高的热应力。

(3) 承受由于高转速和高的空气动力引起的高的机械应力。

(4) 承受低频和高频振动载荷。

(5) 抗氧化性和耐蚀性。

(6) 蠕变,应力破裂,高和低循环疲劳等现象较低频率发生。

5.2.2　航空发动机材料的发展趋势

经过几十年的发展,航空发动机的材料发生了翻天覆地的变化。传统材料钢铁、铝等已经逐渐丧失主要地位,在发动机中的比重大幅度下降。与此同时,新型材料钛、镍的比重逐渐增加。图 5.19 显示了航空发动机材料发展的趋势。

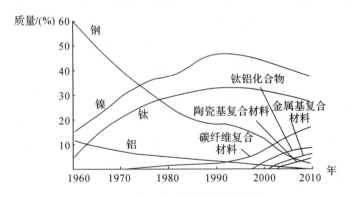

图 5.19　航空发动机材料发展趋势

各种材料在不同的发动机中所占百分比见表 5.1。从中可以看出,钢、铝的比重逐年下降,钛及复合材料所占百分比却在不断上升。进入 21 世纪后,复合材料所占百分比几乎达到50%,成为发动机材料中的主体。

表 5.1　航空发动机材料百分比

机 型	年 份	材料/（%）			
		铝	钢	钛	复合材料
B747	1969 年	81	13	4	1
A300B	1973 年	76	13	4	5
B757	1982 年	78	12	6	3
B767	1981 年	80	14	2	3
A320	1987 年	76.5	13.5	4.5	5.5
B777	1994 年	70	3	7	3
A340	1991 年	75	8	6	8
A380	2005 年	—	—	10	22
B787	2007 年	—	—	15	50
A350	2010 年	—	—	9	37

5.2.3　未来航空发动机材料的发展重点

新材料是航空涡轮发动机技术进步的重要基础,是提高航空涡轮发动机推重比的主要突破口。据预测,在未来航空发动机性能的提高中,新材料贡献率将达到 50% 以上。未来应用于航空发动机上的先进材料主要包括以下两类。

(1)轻型高比强度材料。它包括钛金属基复合材料、树脂基复合材料、TiAl 金属间化合物、Ti_3Al 合金等,这些材料的应用可以大幅减轻发动机的重量、提升风扇等转子叶片强度及抗打击能力,实现发动机推重比、工作可靠性的提升。

(2)新型耐高温材料。它包括耐高温合金材料、陶瓷基复合材料、碳-碳基复合材料等,新型耐高温材料的应用可使涡轮前温度提高至 2 000～2 200 ℃,可大幅提升发动机单位推力,甚至未来可取消发动机加力燃烧室便可满足发动机加速过程单位推力需求。

无论是陶瓷基复合材料、碳/碳复合材料、金属间化合物,在 1 200～1 600 ℃高温条件下使用,均未达到与镍基高温合金相抗衡的地步。到目前为止,新材料在航空发动机上的应用仍然非常有限,这除了材料性能有待于进一步提高外,其制造成本也是一个不容忽视的方面。由于高温合金良好的综合性能,在研制与服役中较长期的经验积累,今后在相当长的时间内高温合金仍将在发动机高温材料中占有一席之地。对传统材料的研究开发,仍应予以足够重视,以最大限度地挖掘传统材料的潜力。因此在相当长的一段时间内,高温合金仍将是航空发动机高温部件的主要材料。

航空发动机的发展对高温材料的要求越来越高,并且其性能的提高,在很大程度上是依赖新材料的推动,研究和开发新的高温材料始终是航空发动机赖以发展的基础之一。因此加强新型高温材料的开发,加快研制高性能陶瓷基复合材料、碳/碳复合材料等的步伐,将其作为未来航空发动机高温部件的材料势在必行。

5.3 航空发动机典型低温部件材料

航空发动机低温部件具体指进气口(风扇)、压气机、套管等部件,要求材料具有高强度、高刚度和低重量等性质,主要部位如图 5.20 和图 5.21 所示。低温部件材料主要有钛合金、先进复合材料(ACM)、Ti_3Al 基金属间化合物、形状记忆合金(SMA)等。

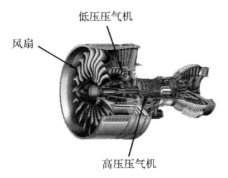

图 5.20 航空发动机低温部位

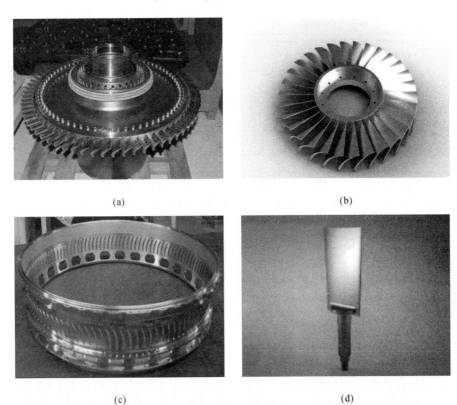

(a)

(b)

(c)

(d)

图 5.21 航空发动机低温零件

(a)压气机盘;(b)风扇叶片;(c)压气机机匣;(d)压气机叶片

5.3.1 钛合金

钛合金由于具有比强度和比刚度高、耐腐蚀性能优异的特点,已被广泛用于涡轴发动机压气机盘、叶片、叶盘及机匣等零件的制造,其中 TC4(Ti-6Al-4V)的应用最为成熟,而 Ti-6242S 具有强度、蠕变、韧性和热稳定性的最好结合。表 5.2 统计了一些西方国家航空发动机的钛合金用量。

表 5.2　一些西方国家航空发动机的钛用量

发动机型号	推出年份	装备机型	钛合金用量/(%)
J79	1956 年	F-4,F-104	2
JT3D/TF33	1960 年	B707,B-52,F-141	15
TF36	1965 年	C-5A	32
TF39	1968 年	C-5A,C-5B	33
JT90	1969 年	B747,B767,F-5A	25
F100	1973 年	F-15,F-16	25
F101	1976 年	B1	20
CF6	1985 年	A330,B747,B767	27
V2500	1989 年	A320,A321	31

1. α 型钛合金

表 5.3 列出常见 α 型钛合金在发动机上的应用情况。

表 5.3　α 型钛合金在发动机上的应用

	合金牌号	应　用
α 型钛合金	TA3	航空发动机高压压气机盘 、叶片和机匣等
	TA12	航空发动机压气机盘 、鼓筒和叶片等
	TA15	发动机零件和焊接承力零部件
	TA19	压气机机匣

2. α+β 型钛合金

α+β 合金具有优良的综合性能,如其室温强度高于 α 合金的,热加工工艺性能良好,因此适用于航空结构件;但其组织不够稳定,焊接性能和耐热性低于 α 型钛合金。表 5.4 为 α+β 型钛合金在发动机上的一些应用。

表 5.4　α＋β 型合金在发动机上应用

	合金牌号	应　用
α＋β 型合金	TC4	发动机的风扇和压气机盘及叶片
	TC6	航空发动机的压气机盘和叶片
	TC3	航空发动机的压气机盘、叶片、鼓筒等

TC4(Ti‐6Al‐4V)钛合金具有比强度大、良好的工艺塑性、超塑性、焊接性和抗腐蚀性能等优点,工作温度一般为－100～400 ℃,主要用于制造风扇盘和叶片。大型风扇 Rolls‐Royce RB21z 系列发动机、Pratt&Whitney JT9D 和 2057 发动机及 General Eleetrie CF6 发动机中的风扇盘和叶片就是用 TC4 合金制作的;Turbo‐Uniou RB199 等高级军用发动机则利用 TC4 合金制作气压机级。V2500 发动机的中空风扇叶片、风扇机匣、压气机通道之间的中间机匣也是由 TC4 合金制作的。

TC3 钛合金综合性能较为突出,在 500 ℃ 的环境中依然保持优异的热强性能,同时还具有很高的室温强度,已实际应用于我国 WP13,WP14,WS3 等第 2 代航空发动机的高压压气机叶片和盘。TC3 合金应用于生产可靠的航空发动机压气机盘、旋转子和其他部件的加工工艺是先将合金在低于 β‐转变温度 15 ℃下进行热处理,随后快速水冷,再经过高温和低温增韧强化热处理,获得一种新的显微组织。这种新组织基体由 15％等轴 α 晶粒、50％～60％层状 α 晶粒和已转变完成的 β 晶粒组成,从而导致该合金表现出较高的抗疲劳性能,较长的蠕变疲劳寿命,高韧性和优良的高温服役性能,并且不降低塑性和热稳定性。

3. β 型钛合金

β 型钛合金在固溶状态下冷成型性能良好,而且淬透性和热处理响应性也优良。β 钛合金的室温强度最高。表 5.5 为 β 型钛合金在发动机上的一些应用。

表 5.5　β 型合金在发动机上应用

	合金牌号	应　用
β 型合金	TB2	钣金件、压力容器、波纹壳体和蜂窝结构
	TB3	高强度紧固件
	Ti‐40	航空发动机结构材料,机匣

5.3.2　先进复合材料(ACM)

先进复合材料(ACM)专指可用于加工主承力结构和次承力结构、其刚度和强度性能相当于或超过铝合金的复合材料。目前主要指有较高强度和模量的硼纤维、碳纤维、芳纶等增强的复合材料。ACM 具有质量轻,较高的比强度、比模量、较好的延展性、抗腐蚀、导热、隔热、隔音、减振、耐高(低)温,独特的耐烧蚀性、透电磁波,吸波隐蔽性、材料性能的可设计性、制备的灵活性和易加工性等特点,被大量地应用到航空领域中。

美国通用电器飞机发动机事业集团公司(GE-AEBG)和惠普公司,以及其他一些二次承包公司,都在用 ACM 取代金属制造飞机发动机零部件,包括发动机舱系统的许多部位推力反向器、风扇罩、风扇出风道导流片等都用 ACM 制造。如发动机进口气罩的外壳是由美国聚合物公司的碳纤维环氧树脂预混料(E707A)叠铺而成,它具有耐 177 ℃ 的热氧化稳定性,壳表面光滑似镜面,有利于形成层流。又如 FW4000 型发动机有 80 个 149 ℃ 的空气喷口导流片,也是碳纤维环氧预浸料制造的。

1. 树脂基复合材料

现在应用较多的是树脂基复合材料。树脂基复合材料凭借比强度高、比模量高、耐疲劳与耐腐蚀性好和阻噪能力强等优点,在航空发动机冷端部件(风扇机匣、压气机叶片、进气机匣等)和发动机短舱、反推力装置等部件上得到了广泛应用。树脂基复合材料已经发展到了耐温 450 ℃ 的第四代聚酰亚胺复合材料,形成了从 280~450 ℃ 涵盖四代的耐高温树脂基复合材料体系。具体应用如图 5.22 所示。

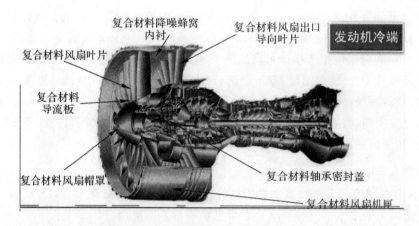

图 5.22　树脂基复合材料在国外先进航空发动机冷端上的主要应用部位

GEnx 发动机同时采用了树脂基复合材料风扇叶片和全复合材料风扇机匣,使树脂基复合材料的减重优势得以充分发挥。发动机风扇叶片是涡扇发动机最具代表性的重要零件,涡扇发动机的性能与它的发展密切相关。与钛合金风扇叶片相比,树脂基复合材料风扇叶片具有非常明显的减重优势。除具有明显的减重优势之外,树脂基复合材料风扇叶片受撞击后对风扇机匣的冲击较小,有利于提升风扇机匣包容性。风扇机匣是航空发动机最大的静止部件,它的减重将会直接影响航空发动机的推重比与效率。这种风扇包容机匣首先采用二维三轴编织技术制造编织预成型体,当复合材料风扇叶片碎片撞击到包容机匣后,可以被有效包容,包容效率提高大约 30%。在 Rolls-Royce 公司 RB211 发动机、PW 公司 PW1000G、PW4000 已经采用树脂基复合材料制备风扇帽罩。此外,PW4084、PW4168 发动机采用 PR500 环氧树脂制造风扇出口导流叶片。PW1000G 发动机采用 AS7 纤维/VRM37 环氧树脂 RTM 成型工艺制备风扇出口导流叶片,并已形成成熟的复合材料静子叶片工艺和技术体系。

相比航空发动机主机,树脂基复合材料在航空发动机短舱具有更广阔的应用空间。根据资料,国外厂商已经在短舱进气道、整流罩、反推装置、降噪声衬部位大规模使用树脂基复合材料,如图 5.23 所示。

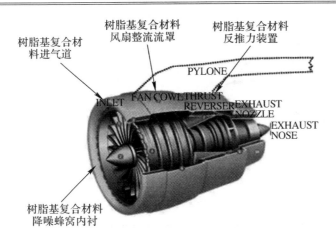

树脂基复合材料进气道
树脂基复合材料风扇整流流罩
树脂基复合材料反推力装置
PYLONE
INLET　FAN COWL　THRUST REVERSER　EXHAUST NOZZLE
EXHAUST NOSE
树脂基复合材料降噪蜂窝内衬

图 5.23　树脂基复合材料在短舱的主要应用部位

航空发动机风扇流道板、轴承封严盖、盖板等部位也在不同程度的应用树脂基复合材料。

2. 聚酰亚胺树脂

聚酰亚胺树脂是耐高温树脂的代表,具有良好的耐热性、力学性能和工艺性能等优点,主要有 BMI 型、PMR 型和乙炔基封端的聚酰亚胺树脂。其中,PMR 型聚酰亚胺树脂基复合材料耐温最高且应用技术最成熟,在航空(尤其是航空发动机)、航天等领域得到了广泛的应用。

PMR - 15 聚酰亚胺树脂是第一个广泛使用的 PMR 聚酰亚胺高温复合材料树脂,具有优异的力学性能及良好的热氧化稳定性,可在 288~316 ℃使用 1 000~10 000 h。在过去数十年中已用于制造多种航空发动机零件,如 GE90 发动机的风扇叶片、机匣、F404 发动机的外部导管、PW - 29 的排气叶片及 F39 导流叶片。

利用 PMR - 15 聚酰亚胺树脂复合材料制造机匣的原理是在 1 个钢制圆筒模具外表面上,用真空热压袋制出圆柱形碳纤维增强的 PMR - 15 复合材料层压板壳。圆筒模具要便于铺设 Gr/PMR 预浸料,并且要保证完成的零件流道表面与模型一致。根据不同的强度、刚度和结构要求,层压板在厚度、材料方向上要有各种变化。成型之后,外涵壳体要切成上下 2 个半圆筒体,前后安装边铆接到位,纵向复合材料安装边及其他所有零件都装上,组成一台外涵机匣。

但是,PMR - 15 制备的复合材料在热循环过程中极易产生微裂纹以及使用有致癌作用的 MDA(4,4 -二胺基二苯甲烷),使它的使用范围受到了限制。因此,聚酰亚胺复合材料在航空发动机上仍处于小规模的试用阶段。

5.3.3　Ti_3Al 基金属间化合物

Ti_3Al 基金属间化合物具有较高的高温强度、弹性模量、抗氧化性能和密度小以及高比强度的特点,同时它还具有较好的蠕变抗力性能等,主要分为 α_2 相的 Ti_3Al 和 Ti_2AlNb 基合金。

1. α_2 相的 Ti_3Al 合金

α_2 相的 Ti_3Al 合金具有 DO19 结构,室温单相 Ti_3Al 很脆,添加 Nb,Mo,V 等合金元素可以改善 α_2 相 Ti_3Al 基合金的性能。

现在美国已经研制出有两个 α_2 相 Ti_3Al 合金 Ti - 21Nb - 14Al 和 Ti - 24Al - 14Nb - 3V -

0.5Mo,并且批量生产。其中 Ti - 21Nb - 14Al 合金已能熔铸成 3 200 kg 的铸锭,并已试制成功高压压气机机匣、高压涡轮支承环、导弹尾。Ti - 24Al - 14Nb - 3V - 0.5Mo 合金通过热机械处理(TMP)可获得良好的综合力学性能。

2. Ti$_2$AlNb 基合金

Ti$_2$AlNb 合金以有序正交结构 O 相为基础,其成分范围为 Ti -(18~30)Al -(12.5~30)Nb,并含有少量的 Mo,W 和 Ta 等合金元素,具有较高的比强度、室温伸长率、断裂韧性和优异的蠕变抗力,还有较好的抗氧化性以及无磁性等优异性能。

我国的航空发动机中也已经应用了由 Ti - 22Al - 25Nb 合金制造的合金构件。另外,采用该合金制作的导弹发动机部件和卫星发动机构件,已经通过了台架试车。与此同时,使用此种合金制作的航空发动机机匣也已试制成功,另一钣金焊接组合件正在研制中。

5.3.4　TiNi 基形状记忆合金

形状记忆合金(SMA)具有两个重要的特性,即形状记忆效应(SME)和超弹性(SE)。经过多年发展,获得实际应用的主要有 3 大类别,即 TiNi 基、Cu 基和 Fe 基合金。其中,TiNi 基形状记忆合金不仅具有优异的形状记忆特性和超弹性性能,还呈现出良好的阻尼特性、耐腐蚀性能和生物相容性等,在航天航空、机械、能源、电子、医学等领域都获得了广泛的应用。

Boeing 公司最近在采用 GE - 115B 发动机的 B777 - 300ER 客机进行了飞行测试。其排气核心 V 形结构采用形状记忆合金主动调节形状,如图 5.24 所示。这种结构不仅可以减小飞机起飞时的噪音,而且在飞机巡航过程中可以收缩,改变形状,不影响飞机的性能。

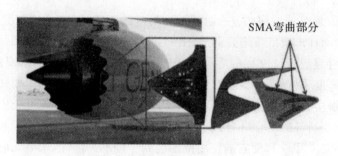

图 5.24　V 形结构

5.4　航空发动机典型高温部件材料

飞机的速度不断提高,推动比随之增加,同时涡轮进气温度不断提高,所以涡轮前温度很高,所采用的材料需要耐高温。燃烧室是发动机中温度较高的部件,其材料要求抗氧化、抗腐蚀、抗冷热疲劳性能好、强度高。目前的发动机燃烧室和加力燃烧室的工作温度最高可达 2 000 ℃,通过冷却可降到 1 000 ℃左右。发动机高压涡轮盘的工作温度可达到 816 ℃,其轮缘部位要求有良好的抗蠕变性能,而中心孔周围要有最佳的抗疲劳性能。涡轮叶片的工况最为苛刻,直接暴露于上千摄氏度的高压、高速燃气流中,同时承受高温、复杂应力、热疲劳以及燃气腐蚀等因素的综合作用。而且涡轮叶片的尺寸小、结构复杂(有些含冷却气路)、形式多样(多联、整体)。因此,承温能力(熔点)、密度、中高温蠕变性能、热疲劳性能、抗氧化耐腐蚀性能、长时组织稳定性及工艺性能等是评价涡轮叶片材料的主要依据。图 5.25 和图 5.26 为航空发动机的高温部件,高温部件材料包括镍基高温合金、Ni-Al 间金属化合物、γ-TiAl 基合金、钛基复合材料(TMCs)、碳/碳复合材料、陶瓷基复合材料和热障涂层(TBCs)。

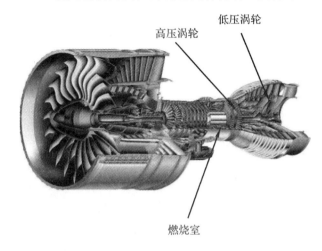

图 5.25　航空发动机高温部件

(a)

(b)

(c)

图 5.26　航空发动机高温零件

(a)涡轮叶片;(b)涡轮盘;(c)燃烧室

5.4.1 镍基高温合金

镍基高温合金是以镍元素为基体,加入其他合金元素,其中钴、铬、铝、钨主要起固溶强化作用,铝、钛、铌、钒等为形成 γ' 强化相元素,硼、铈起强化晶界作用,具有良好的高温蠕变特性、高温疲劳特性以及抗氧化、抗高温腐蚀等综合性能,满足了高推重比先进发动机的使用要求。在服役的先进发动机中,镍基高温合金的用量占发动机总重的 50%～65%,主要用于航空航天领域 950～1 050 ℃下工作的结构部件,如航空发动机的工作叶片、涡轮盘、燃烧室等。图 5.27 是镍基高温合金的发展趋势。

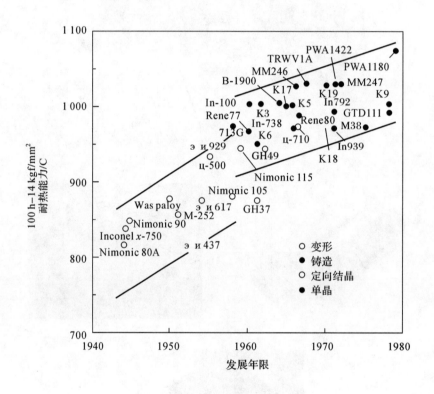

图 5.27　镍基高温合金发展趋势

按制备工艺,镍基高温合金分为变形、铸造和粉末冶金高温合金 3 大类。

1. 变形镍基高温合金

变形镍基高温合金是指用压力加工能使毛坯成型的镍基高温合金,可分为固溶强化型合金和沉淀强化型合金。固溶强化型合金具有一定的高温强度、有良好的塑性、热加工性和焊接性,用于制造工作温度较高、承受应力不大(约数十兆帕)的部件,如燃气涡轮的燃烧室。常用的固溶强化变形镍基高温合金有 GH30,GH39,GH44,表 5.6 为其热处理方式及组织结构。

表 5.6　常用固溶强化型合金热处理方式与组织结构

类　别	牌　号	热处理				组织结构
		淬火		时效		
		温度	冷却	温度	冷却	
固溶强化	GH30	980～1 020 ℃	空冷	—	—	奥氏体
	GH39	1 050～1 080 ℃	空冷	—	—	
	GH44	1 120～1 060 ℃	空冷	—	—	

沉淀强化型合金实际上综合采用固溶强化、沉淀强化和晶界强化三种强化方式,因而具有良好的高温蠕变强度和抗疲劳性能,用于制造高温下承受应力较高的部件,如燃气涡轮的叶片和涡轮盘等。常用的沉淀强化变形镍基高温合金有 GH33,GH37,GH39,表 5.7 为其热处理方式及组织结构。

表 5.7　常用沉淀强化型合金热处理方式与组织结构

类　别	牌　号	热处理				组织结构
		淬火		时效		
		温度	冷却	温度	冷却	
时效强化	GH33	1 080 ℃	空冷	700 ℃,16 h	空冷	奥氏体和化合物
	GH37	一淬 1 180 ℃ 二淬 1 000 ℃	空冷	800 ℃,16 h	空冷	
	GH49	一淬 1 200 ℃ 二淬 1 500 ℃	空冷	900 ℃,8 h	空冷	

2. 铸造镍基高温合金

铸造镍基高温合金由于采用铸造成型,故铝、钛含量较变形镍基合金高,强化相 Ni_3Al, Ni_3Ti, $Ni_3(Al,Ti)$ 较变形镍基台金多。铸造高温合金的使用温度,通常要比时效强化温度高,加之合金内部已存在大量的化合物,靠时效析出强化相来提高合金的热强度已无实际意义。所以就在铸造状态下使用,不进行热处理。常见铸造镍基高温合金有 K1,K3,K5,K17 等,其热处理方式和组织结构见表 5.8。

表 5.8　常用铸造镍基高温合金热处理方式与组织结构

类　别	牌　号	热处理				组织结构
		淬火		时效		
		温度	冷却	温度	冷却	
铸造镍基高温合金	K1	1 020 ℃,10 h	空冷	—	—	奥氏体和大量化合物
	K3	1 120 ℃,4 h	空冷	—	—	
	K5	—	—	—	—	
	K17	—	—	—	—	

根据近年来的发展,铸造镍基高温合金又分为等轴晶合金、定向凝固合金、定向单晶合金,

由其制造的发动机叶片如图 5.28 所示。其中以单晶为主。

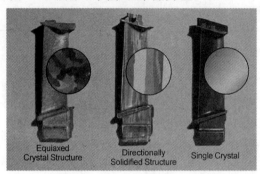

Equiaxed
Crystal Structure　　Directionally
Solidified Structure　　Single Crystal

图 5.28　等轴晶、定向凝固和单晶合金制造的叶片

（1）单晶高温合金。单晶高温合金消除了晶界，明显减少了降低熔点的晶界强化元素，使合金的初熔温度提高，能够在较高温度范围进行固溶处理，其强度比等轴晶和定向柱晶高温合金大幅度提高，因而得到了广泛应用。

单晶高温合金广泛用于制造涡轮叶片、导向叶片、叶片内外环、喷嘴扇形段等。自从美国第一代单晶合金 PWA1480 于 1982 年服役于 JT9D－7R4 发动机以来，生产了单晶叶片百万件以上，累计飞行考核 300×10⁴h 以上；第二代单晶 PWA1484 于 1989 年用于 PWA2037 发动机；第三代单晶合金用在波音公司宽体 B777 客机的发动机中。英国罗罗公司对喘达 800 系列发动机用更高强度的 CMSX－10 非气冷叶片代替气冷 CMSX－4 合金叶片，由于不需要冷却空气，提高了发动机的效率。单晶合金每上升一代，其耐温能力提高 30 ℃左右。第二代单晶的最高使用温度约为 363 ℃，而第三代单晶 CMSX－10 可用于 1 204 ℃。

我国也对单晶高温合金及工艺进行了广泛的研究。由北京航空材料研究院研制的单晶合金 DD3 是低密度低成本的合金，其性能与国外第一代单晶处于同一水平，是我国第一个用于航空发动机的单晶合金，同属于第一代单晶合金的还有 DDZ、DD4 和 DDS。第二代单晶合金 DD6 其耐温能力达到第二代单晶合金水平，而且成本低于国外第二代单晶合金。第三代单晶合金 DD9 以 Ni 为基，由 Co，W，Ta，Al，Cr，Mo，Re，Nb 等合金元素组成，具有优良的综合性能，其拉伸性能与持久性能等达到了国外第三代单晶高温合金的水平，可用于制造具有复杂结构的薄壁空心涡轮叶片。由中国科学院金属研究所发明的一种第四代单晶高温合金 DD22，具有高轻度，组织稳定。图 5.29 为其制造的涡轮叶片。

图 5.29　第四代单晶高温合金制造的涡轮叶片

（2）定向凝固技术是制备单晶高温合金最为有效的方法。高温合金熔体在定向凝固过程中，为达到单一方向生长单晶的目的，必须满足两个条件：一是未凝固的熔体有足够的过热度，保证在界面前沿有正的温度梯度，并在凝固过程中固液界面保持平直；二是避免型壳壁面激冷形核或凝固界面前沿内生形核。基于以上两个原则，发展出以高速凝固法和液态金属冷却法为主的定向凝固方法。

高速凝固法（High Rate Solidification，HRS）：采用一种传动装置，在凝固时铸型与加热器之间依靠这种装置发生相对移动，而且铸型加热器始终加热。在加热区底部使用隔热挡板和水冷套，可以在挡板附近产生较大的温度梯度，细化组织。主要特点是铸型以一定速度从炉中移出，或者炉子移离铸型，并采用辐射换热方式冷却。采用这种方法可以避免炉体对已凝固合金的影响，因而获得了较高的温度梯度和冷却速度，所制备的柱晶组织较细密而且均匀，提高了铸件的性能，是目前高温合金定向凝固工艺中应用最为广泛的一种方法。

液态金属冷却法（Liquid Metal Cooling，LMC）的工艺过程与 HRS 基本相同，但冷却介质不同，能达到比 HRS 法更高的温度梯度和凝固速率。定向凝固示意图如图 5.30 所示。当合金熔体浇入铸型后，以一定的速度将铸型拉出炉体，浸入液态金属冷却剂中。液态金属冷却剂主要采用具有熔点低、沸点高、热容量大和导热性能好等特点的金属液，如 Ga - In 合金和 Ga - In - Sn 合金，以及 Sn 液和 Al 液等。由于液态金属与凝固界面之间换热系数很大，因此这种方法进一步提高了凝固过程中铸件的冷却速度和固液界面前沿的温度梯度，并使之保持稳定。因而，晶粒的生长能够在更加稳定的条件下进行，可以获得较长的单向柱晶。目前，液态金属冷却法在制备大尺寸的定向和单晶叶片时应用较为广泛。

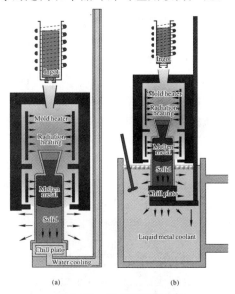

图 5.30　定向凝固示意图

（a）高速凝固法；（b）液态金属冷却法

3. 粉末冶金高温合金

粉末高温合金材料采用预合金粉末、热等静压、挤压、等温锻造和热处理等粉末冶金方法制造成盘件，该材料实现了高合金化的均匀组织、双性能剪裁结构、优异的综合使用性能和损伤容限特性等优点，有效地保证了发动机的可靠性和耐久性，是先进航空发动机高压涡轮盘等关键热端部件的优选材料。

近十年来粉末涡轮盘用高温合金有了较大发展,第二代粉末合金 MER-76 和 Rene88DT 涡轮盘分别用于 PWA2039、PwA4084 和 CFM-56-5C2 及 GE90 等发动机,Rene880DT 蠕变性能比 IN718 高 30 ℃,650 ℃ 低循环疲劳,扩展速率低 1/2,σ_b 和 $\sigma_{0.2}$ 分别可达 1 200 MPa 和 970~1 030 MPa。通过提高材料利用率和简化工序、毛坯等温锻造获得净尺寸等方法可降低成本。少余量涡轮盘毛坯超塑性等温锻是获得高性能与低成本的关键技术。第三代粉末涡轮盘可在 750~850 ℃ 温度范围工作,其发展方向是双性能热处理涡轮盘,轮缘部分呈粗晶粒以获得高的蠕变性能,轮心部分呈细晶有利于提高屈服强度和疲劳性能,整体的叶盘结构是发动机的优选方案。

5.4.2 Ni-Al 间金属化合物

Ni-Al 间金属化合物材料具有高温强度好,高温抗蠕变性能强,抗腐蚀性能,抗氧化性能好等优点,且在一定的温度范围内 Ni-Al 间金属化合物的屈服强度随着温度的升高而升高。在 Ni-Al 系合金中有应用前景的是 NiAl 基和 Ni_3Al 基合金。

1. Ni-Al 基合金

Ni-Al 基合金熔点高,密度低,抗环境性能好,导热率高,弹性模量高,在韧-脆转变温度以上具有类似于金属的性能,而且该合金可用常规的熔铸、粉末冶金和压力加工等方法生产。

但是,Ni-Al 基合金的主要缺点是室温塑性低和断裂韧性差,高温强度和蠕变性能一般。人们发现加入 Hf 有利于提高合金力学性能,最终发展了一种高温力学性能优异的 Ni-Al 共晶合金,即 JJ-3 合金。

与高温合金比较,JJ-3 合金成分比较简单,不含有 Co,W,Nb 和 Ta 等价格昂贵的合金元素,合金成本低廉。JJ-3 合金的密度为 6.271 g·cm^{-3},仅为镍基高温合金密度的 2/3,利用 JJ-3 合金制作的涡轮盘和导向叶片可以降低 30%~40% 质量;JJ-3 合金于 300 ℃ 的高温拉伸性能和持久强度几乎比中国航空材料手册中所有等轴晶高温合金的高;JJ-3 合金的熔点达 1 440 ℃,较一般 Ni 基高温合金高 100~150 ℃,较目前熔点最高的 Co 基高温合金 K640 和单晶高温合金 DD-3 还高 100 ℃。熔点高,使用温度就可以提高;JJ-3 合金的热导率大,可使零件热量迅速传递,降低零件温度梯度,将 JJ-3 合金制成的典型的涡轮叶片与高温合金涡轮叶片比较,叶片的峰值温度可以降低 50 ℃。图 5.31 是 JJ-3 合金制成的涡轮叶片的图片。

图 5.31 JJ-3 合金涡轮叶片毛坯

一般采用普通真空感应炉熔炼和精密铸造方法,通过多次反复试验,找出了合适的熔炼和精铸工艺,制备出 JJ - 3 合金涡轮叶片。

2. Ni₃Al 基合金

Ni₃Al 基合金具有熔点高、密度低、组织稳定、高温强度高、热强性能好、铸造工艺性好、成本低等特点。正是由于这些优良特性,Ni₃Al 基合金作为高温结构材料在民用和军事工业中应用前景广阔。

我国是世界上较早研究 Ni₃Al 及其合金的国家之一,在铸造 Ni₃Al 基合金方面开展了大量工作,研制的 IC6 和 IC10 定向柱晶在我国先进航空发动机上获得了应用。IC6 中 Ni₃Al 相的含量为 88%,其余主要是无序相。合金元素钼既强化 Ni₃Al 相,也强化 γ 相。该合金可在 1 050~1 300 ℃工作,比较适合用作发动机叶片等部件。目前,国内正在研制 Ni₃Al 金属间化合物单晶材料。表 5.9 列举了部分商业化高性能 Ni₃Al 基合金的组成。

表 5.9　部分商业化高性能 Ni₃Al 基合金的成分

元　素	合　金		
	IC - 221LA	IC - 221W	IC6
Al	4.5	8.8	7.5~8.5
B	16.0	7.7	0.01~0.06
Mo	1.2	1.4	13.5~14.5
Cr	1.5	3.0	
Zr	0.003	0.003	
Ni	其他	其他	其他

近 30 年来,美国、俄罗斯等国家也对 Ni₃Al 基合金开展了广泛研究,取得了大量研究及应用成果。俄罗斯发展了 BKHA 系列 Ni₃Al 基等轴、定向和单晶合金,并采用 BKHA - 4y 合金研制了发动机单晶涡轮叶片,较镍基合金叶片轻 7%~8%,成本降低 20%~25%。美国发展了 NX - 188,WAZ - 20,IC164,IC72 等 Ni₃Al 基合金,已用于发动机叶片、涡轮外环、喷管调节片等。表 5.10 列出了各种 Ni₃Al 基合金的应用领域。

表 5.10　Ni₃Al 基合金的工程应用

合　金	应用领域
IC6	航空发动机热端关键部位
IC 系列	航空发动机叶片、燃烧室部件
BKHA 系列	航空发动机静子叶片

5.4.3　γ - TiAl 基合金

1. γ - TiAl 基合金

γ - TiAl 基合金的弹性模量、抗蠕变性能等均比钛合金好得多,与 Ni 基高温合金相当,但密度还不到 Ni 基合金的 1/2,使用温度可望达到 900 ℃以上,室温模量可达 176 GPa,且随温度升高而缓慢下降,可以填补高温钛合金和 Ni 基高温合金的使用空白,能用于喷气发动机和涡轮等航空航天、汽车工业的耐高温部件以及超高速飞行器的翼、壳体等,被认为是最有应用潜力的新一代轻质耐高温结构材料。

目前,γ-TiAl 合金已经发展到第四代,见表 5.11。第一代 γ-TiAl 合金(Ti-48Al-1V-0.1C)由美国空军材料研究所和 Pratt-Whitney 公司共同研究,其具有好的综合力学性能,如延性、强度和抗蠕变性能,但其断裂韧性和冲击韧性的不足使其不能满足发动机部件的使用性能要求。20 世纪 80 年代末,美国 GE 公司发展了具有优良综合力学性能的第二代 γ-TiAl 合金(Ti-48Al-2Cr-2Nb)。近 10 年来,通过合金化和组织控制又研制出第三代、第四代 γ-TiAl合金,力学性能及抗氧化性能等得到显著提高。

表 5.11　γ-TiAl 合金发展历程

γ-TiAl 合金	成分(原子分数百分比)	制备工艺
第一代	Ti-48Al-1V-0.3C	锻造/粉末冶金/铸造
第二代	Ti-47Al-2(Cr,Mn)-Nb	铸造
第三代	Ti-(45~47)Al-2Nb-2Mn-0.8TiB2 Ti-47Al-2W-0.5Si Ti-47Al-5(Cr,Nb,Ta) Ti-46.2Al-2Cr-3Nb-0.2)	铸造 铸造 铸造 铸造
第四代	Ti-(45-47)Al-(1-2)Cr-(1-5)Nb-(0-2)(W,Ta,Hf,Mo,Zr)-(0-2)B-(0.03-0.3)C-(0.03-0.2)Si-(0.15-0.25)O-X	锻造/铸造

2. 加工工艺

目前航空中部件使用的 TiAl 合金构件主要是通过精密铸造工艺得到的。精密铸造的过程主要通过:模具设计—蜡模制作—型壳制备—脱蜡—型壳烧结—合金浇注。在精密铸造过程中,需控制好浇注温度:温度过高,引起铸件晶粒过大,降低铸件的力学性能;温度过低,TiAl 合金流动差,型壳不易填充,形成缩孔。浇注后,TiAl 脱壳,经一定的表面处理(如喷砂、机械加工),形成初步的精密铸造 TiAl 构件。美国 GE 发动机公司已经将 Howmet 公司铸造的 Ti-47Al-2Cr-2Nb 合金低压气机叶片装在 CF6-80 进行了 1 000 个模拟飞行周次的考核,结果 TiAl 合金叶片比较完整,没有损伤;日本川崎重工业株式会社和京都大学新开发车用整体精铸的发动机,其中外径小于 80 mm 的废气增压涡轮,由于 TiAl 合金的密度是铸造 Ni 基高温合金的一半,可使用涡轮转子减重超过 50%,使发动机的加速反应时间显著减少。目前,铸造 TiAl 合金 Ti-47/48Al-2Nb-2Cr,Ti-47Al-2W-0.5Si 和 Ti-45/47Al-2Nb-2Mn+0.8vol%TiB₂ 等已进入实际应用。

γ-TiAl 基合金在先进的喷气涡轮发动机中的主要应用有 Ti-Al 基合金的比刚度 (E/ρ) 比发动机中的常用材料高 50%,可用来制作框架、密封支撑、机匣、隔板、涡轮叶片以及喷口区域的零件。例如,美国通用电气公司采用铸造法和锻压法制造的 Ti-Al 基合金航空发动机叶片、叶片盘等,已部分应用于波音 GEnx 发动机的低压涡轮后两级,使得发动机减重 180 kg,有助于提高发动机的燃油效率,图 5.32(a)和(b)为中国科学院金属研究所采用离心精密铸造方法制造的 Ti‑Al 基合金低压涡轮叶片。

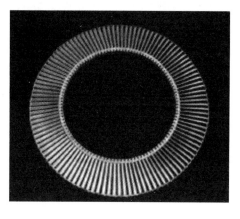

(a)　　　　　　　　　　　　　　　(b)

图 5.32　Ti‑Al 合金精密铸造的低压涡轮叶片

(a) GEnx 发动机上的低压涡轮;(b) TiAl 基合金低压涡轮叶片精密铸件

　　从 2000 年开始国外开始采用锻造工艺制造 Ti‑Al 合金高压压气机叶片。锻造 Ti‑Al 合金叶片性能比铸造叶片力学性能大幅提高,可靠性也显著提高,但成本昂贵。图 5.33 为 Rolls‑Royce 公司研制的 Ti‑Al 锻造叶片。中航工业北京航空材料研究院于 20 世纪 90 年代开展了 Ti‑Al 合金的研究工作,开展了工业尺寸 Ti‑Al 合金铸锭熔炼、锻造、挤压等研究工作,突破了大尺寸 Ti‑Al 合金饼坯锻造、Ti‑Al 合金异形细晶棒材挤压、Ti‑Al 合金叶片模锻工艺等关键技术(见图 5.34),为我国发动机设计部门对 Ti‑Al 合金选材奠定了材料基础。

图 5.33　Rolls‑Royce 公司研制的锻造 TiAl 合金高压压气机叶片

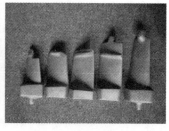

(a)　　　　　　　　　　(b)　　　　　　　　　　(c)

图 5.34　锻造 TiAl 合金

(a) Φ550mm 锻造饼坯;　(b) 挤压圆棒;　(c) 模锻叶片样件

钛铝金属间化合物用于发动机低压涡轮叶片已获得适航认证。2015 年 3 月德国 MTU 航空发动机公司宣布,已开发出新型轻质钛铝金属间化合物(Ti‐Al),可用于高温高应力发动机组件;以该化合物制成的低压涡轮叶片已于 2014 年 9 月在 A320NEO 上完成首飞,12 月获得适航认证。Ti‐Al 涡轮叶片的重量约为镍合金组件的一半,力学性能与其相当;熔点、蠕变强度、抗氧化和耐腐蚀性高于钛合金。MTU 公司正开发增强型 Ti‐Al 合金,拟进一步提高涡轮叶片性能。

5.4.4　钛基复合材料(Titanium Matrix Cormposites,TMCs)

TMCs 以其高的比强度、比刚度和抗高温特性而成为超高音速宇航飞行器和下一代先进航空发动机的候选材料。TMCs 可简单分为两大类:连续纤维增强和非连续颗粒增强钛基复合材料。

1. 连续纤维增强钛基复合材料

连续纤维增强钛基复合材料具有高比强度、高比刚度、良好的耐高温及抗蠕变、抗疲劳等优异性能,是适用于 700~900 ℃的航空发动机用轻质耐高温的理想结构材料。这类材料通常是 Ti6Al4V 或 Ti‐6Al‐2Sn‐4Zr‐2Mo 基体合金中加进 30%~40%Vol、直径约 $\Phi 0.127$ mm 的 SiC 纤维。典型材料是 SiC_f/Ti 复合材料。

国外开展 SiC_f/Ti 复合材料的应用探索研究较早,在发动机机体风险相对较低的部位,如运动排气活门的连杆和矢量喷管,已成为第一个在飞行演示中应用的 SiC_f/Ti 复合材料零件。1992 年,3 个 SiC_f/Ti 复合材料压缩连杆,分别安装在 GEF110‐100 发动机上,并配装 F‐16 飞机飞行测试了 31 h。这些连杆由美国 Textron 公司研制,替代镍基高温合金 IN718,实现质量直接减轻达 43%。此外,在国外军用发动机上,SiC_f/Ti 复合材料整体叶环、传动轴等结构件,已积累丰富经验并接近于实用状态。根据目前国内外研究情况,以罗‐罗某型发动机为例,指出 SiC_f/Ti 复合材料在未来航空发动机上的应用部位,如图 5.35 所示。

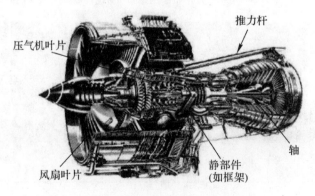

压气机叶片　推力杆　轴　静部件(如框架)　风扇叶片

图 5.35　SiC_f/Ti 在未来航空发动机上的应用

2. 非连续颗粒增强钛基复合材料

这类材料是指 TiAl(γ)基、Ti$_3$AL(α2)基、Ti$_6$Al$_4$V 基等一系列用 TiB$_2$ 或 TiB 颗粒增强的 TMCs。与 SiC 纤维增强 TMCs 相反,颗粒增强 TMCs 是各向同性的。在钛及钛合金基体中加入颗粒增强剂后,这种 TMCs 其横向和纵向的拉伸,蠕变强度和刚度都得到明显改善,而塑性、K_{IC} 和疲劳性能有所降低。与传统钛合金相比非连续颗粒增强钛基复合材料具有更高的强度、模量、耐磨性、耐热性及服役温度,使用温度较相应基体钛合金提高 100~200 ℃;与传统的耐热钢、镍基高温合金相比具有更低的密度、优异的耐腐蚀性,服役温度较耐热钢高,较镍基高温合金低,有望在 500~850 ℃ 应用环境中替代钢或镍基高温合金,减重约 40%。国内,西北有色金属研究院用颗粒增强钛基复合材料 TP-650 制成了飞机发动机的叶片。

5.4.5　碳/碳复合材料

碳/碳复合材料具有密度低、比模量高、比强度高、高温强度高、耐超高温、耐烧蚀、耐热冲击、热膨胀系数低、抗热震性优良等优点,理论最高温度可达 1 650 ℃,因而被认为可用于制造推重比 20~30 发动机的热端部件。

1986 年美国普惠公司首次把碳/碳复合材料用于 Fl00 发动机燃烧室喷管。之后又用碳/碳复合材料制作了 F-100,F-39 等发动机的燃烧室部件和涡轮转子。法国幻影-2000 飞机发动机喷油杆、隔热屏、鱼鳞片等零件及 M88-2 发动机喷管,也已采用碳/碳复合材料制造。图 5.36 为碳/碳复合材料制造的发动机燃烧室喷管。

图 5.36　碳/碳复合材料制造的发动机燃烧室喷管

碳/碳复合材料制备工艺流程图如图 5.37 所示,主要有化学气相沉积工艺(CVD)和液相浸渍法。

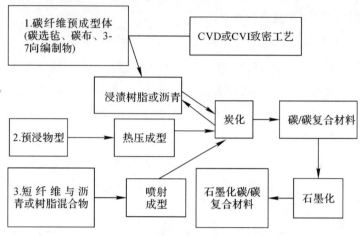

图 5.37　C/C 复合材料制备工艺流程图

1. 化学气相沉积工艺(Chemical Vapor Deposition,CVD)

CVD 工艺始于 20 世纪 60 年代,是最早采用的一种碳/碳复合材料致密化工艺。其过程是易挥发的烃如甲烷、丙烷、苯和其他低分子量碳氢化合物通过热解沉积在热的基体表面的孔隙中,以达到致密化目的,同时产生易挥发的副产物。沉积炭直接沉积在碳纤维的孔壁的表面及丝束之间的孔隙里,有利于提高产品性能,且沉积炭易石墨化,与碳纤维的物理相容性好,所得碳/碳复合材料结构致密,强度高。CVD 法包括等温法、热梯度法、压差法、等离子体辅助CVD 法,前两种方法用得最多。但 CVD 法是在材料表面沉积,易在织物外表面堵塞,过程需反复沉积,因而工艺过程长,成本高,并且零件尺寸受炉子尺寸限制。

2. 液相浸渍法

液相浸渍就是把预成型体浸渍在液相浸渍剂中,通过浸渍—炭化—石墨化的多次循环来达到使产品致密的目的。常用的浸渍剂有两类:热固性树脂如呋喃、糠醛和酚醛树脂等;热塑性树脂,如各向同性的石油沥青和煤沥青以及各向异性的中间相沥青。前者只能得到玻璃炭,炭化过程由于气体的逸出会导致内部热机械应力,不能进一步石墨化,性能较低。以沥青为基体的碳/碳复合材料表现出优异的抗热震性能和机械性能,主要是由于沥青和碳纤维具有良好的界面结合性,在炭化时形成的中间相沥青沿纤维方向定向排列,因此炭化后的沥青基体的热力学性能与纤维匹配较好。沥青的残炭率高,各向同性沥青残炭率可达 50%～60%,中间相沥青的残炭率则更高。炭化时由于与纤维有良好的润湿和黏结性易产生开孔,利于再浸渍和密度的提高。为了进一步提高基体残炭率、增大密度、改善碳/碳复合材料的各种性能,人们发展了高压液相浸渍工艺,利用内外压差使低黏度基体渗透到纤维织物的孔隙里去。残炭率受压力影响非常显著,各向同性沥青的残炭率可由常压下的 50%～60% 提高到 70%～80%,有效地提高了致密化程度。但高压液相浸渍法工艺流程长,操作危险性大,对设备要求高。

5.4.6　陶瓷基复合材料

航空航天技术的发展促进了金属间化合物、碳—碳复合材料和陶瓷基复合材料(CMC)等新一代高温热结构材料的发展。陶瓷基复合材料作为一种超高温复合材料,工作温度可高达

1 650 ℃,而且在高温下能够保持较高的强度,是高温领域最有前途的材料。它主要包括碳化物陶瓷基复合材料和硼化物陶瓷基复合材料。

1. 碳化物陶瓷基复合材料

目前应用最为广泛的主要是连续纤维增韧陶瓷基复合材料(Continuous Fibred-Reinforced Ceramic Composites,CFCC),解决了一般陶瓷材料脆性大的问题。其中,连续碳纤维增韧碳化硅陶瓷基复合材料(C/SiC)和连续碳化硅纤维增韧碳化硅陶瓷基复合材料(SiC/SiC,简称 CMC)具有高韧性、低密度、良好的热稳定性和化学稳定性等优点成为应用重点,CMC 的主要应用领域包括推重比达 10 以上的航空发动机热端及测温保护部件。

美、法等国家经过近三十年努力,已将 CMC 成功用于军用和民用航空发动机静止件中。2015 年 GE 公司在 F414 涡扇发动机上成功验证了 CMC 低压涡轮转子叶片,经历了 500 个严酷循环验证了轻质、耐高温 CMC 涡轮叶片的极强耐高温和耐久性能,这是国际上首个用轻质 CMC 制备的航空发动机非静子组件,从而改变了 CMC 只限用于航空发动机中等载荷静止件的看法。美国 GE 公司的实践表明,CMC 构件重量仅为高温合金的 1/3,耐温却比高温合金高 500 ℃,成为航空发动机发展不可缺少的新型材料。GE 表示 CMC 作为未来发展的核心技术之一,以保持在喷气推进界的领先地位,实现发动机更高燃油效率、低排放和更高服役温度,预计到 2019 年 GE 发动机 CMC 应用总计达 230 万小时,未来十年喷气发动机中 CMC 组件将增长 10 倍。图 5.38 是 GE 公司使用 CMC 陶瓷基复合材料制备燃烧室衬套,该衬套在 1 200 ℃ 环境下工作可以超过 10 000 h。图 5.39 是 NASA Glenn 研究中心研制的 CMC 陶瓷基复合材料涡轮叶片。

图 5.38　CMC 陶瓷基复合材料制备燃烧室衬套　　　图 5.39　CMC 陶瓷基复合材料制备涡轮叶片

我国西北工业大学张立同院士及其团队自 20 世纪 90 年代初起步研究连续纤维增强碳化硅陶瓷基复合材料(CMC),其创新发展的耐高温、抗氧化、长寿命连续纤维增强碳化硅陶瓷基复合材料 2004 年获国家科学技术发明一等奖,在国内外引起强烈反响。此后十余年,其团队成功将 CMC 发明技术转化为构件制备技术,并形成产学研链条,从而具备研发与小批量生产 CMC 构件的能力。这不仅突破了国际严密禁运和技术封锁的第二代和第三代连续碳化硅纤维制备技术,成功应用于涡扇-15 等航空发动机构件制备;还突破了 CMC 的自愈合改性和抗环境腐蚀的 EBC 涂层技术,支撑了航空发动机构件研制;同时在国际上首创大型薄壁复杂

CMC 构件的组装成型制备技术,并成功应用于航空航天等各类大型复杂薄壁构件制备。2013年 3 月,"陶瓷基复合材料制造技术国家工程研究中心"获批成立,成为我国陶瓷基复合材料产业孵化基地。

2. 硼化物陶瓷基复合材料

硼化物陶瓷由于其高熔点、高硬度、高抗氧化性、高化学稳定性以及良好的耐磨性等优异性能被用作磨料和耐磨耐蚀部件,其中 ZrB2 具有低密度、高熔点、高硬度以及良好的导电导热性等优点,作为超高音速飞行器中的热保护部件和超燃发动机引擎组件而被广泛应用。但是由于 ZrB2 难以烧结,在 1 100 ℃以上时易氧化生成 B2O3 而挥发,强度及致密度低、成本较高,其主要研究方向转到硼化物陶瓷基复合材料,即在硼化物陶瓷材料中加入 SiC 和 Al2O3 等纤维作为增强相,有效地提高硼化物陶瓷材料的强度和韧性。SiC/ZrB2 陶瓷基复合材料属于颗粒增韧陶瓷基复合材料,具有很高的强度(超过 1 000 MPa)、抗氧化性和良好的抗热震性,服役温度在 1 800～2 400 ℃温度范围内,可作为高超声速飞行器在长时间飞行、大气层再入和跨大气层飞行环境下,以及火箭推进系统等极端环境下的理想候选材料,可应用于飞行器鼻锥、翼前缘和发动机热端等各种关键部位或部件。

此外,HfB2 也具有高熔点(3 250 ℃)、高硬度(29 GPa)、高化学稳定性及氧化速率极低等优点,可以用于空天飞行器的热防护系统。但是 HfB2 在 1 100 ℃以上使用时,其抗氧化性显著下降,通过添加 SiC 可以增强 HfB2 陶瓷材料在 1 300 ℃～1 500 ℃的抗氧化性能。在高温下,SiC/HfB2 陶瓷基复合材料生成的氧化物外层是富 SiO2 玻璃,内层是富 HfO2 氧化层。由于外层的玻璃相具有很好的表面浸润性和愈合性能,内层富 HfO2 氧化层(熔点 2 780～2 790 ℃)是一种典型的热障层,从而能有效地阻止外部热量向材料内部扩散。因此主要应用于制备超高温耐火材料,如导弹的喷嘴及航空发动机的高温引擎部位。

美国宇航局在研究 SiC/ZrB2 和 SiC/HfB2 材料的基础上,又系统地研究了 HfC/SiC/HfB2 三元复合陶瓷。研究结果表明:三元陶瓷的综合性能要比 SiC/ ZrB2 和 SiC/ HfB2 性能更优异,是发动机热端等关键部件最有前途的超高温候选材料。

5.4.7　热障涂层(Thermal Barrier Coatings,TBCs)

热障涂层一般由高隔热、抗腐蚀的陶瓷涂层和金属黏结层组成。陶瓷涂层的主要功能是在高温载荷下减弱热量向基体的传送,提高基体抗氧化与抗腐蚀的性能。金属黏结层的作用是缓解陶瓷层和基体热膨胀的不匹配,提高基体的抗高温氧化性能。热障涂层可以降低高压涡轮叶片表面温度,提高合金的抗氧化性能,取得显著的隔热效果(150～167 ℃),从而使涡轮进口温度提高。

1. 热障涂层结构

热障涂层主要包括双层系统、多层系统和梯度系统 3 种结构形式。这 3 种结构形式各有特点适用于不同的环境要求,可以采用不同的结构体系,如图 5.40 所示。

多数实际应用的热障涂层都采用双层结构如图 5.40(a)所示。表层为以 ZrO2 为主的陶瓷层,起隔热作用;陶瓷层与基体之间为 MCrAlY 黏结层(M 为过渡族金属 Ni,Co 或 Ni 与 Co 的混合),起改善基体与陶瓷涂层物理相容性和抗氧化腐蚀的作用。双层结构制备工艺相对简单、耐热能力强。因此,针对发动机叶片用的热障涂层以双层结构热障涂层为主。但由于涂层热膨胀系数在界面跃变较大,在热载荷下,将在涂层内积聚较大的应力,因此抗热震性难以得到进一步提高。为了缓解涂层内的热效应不匹配,提高涂层的整体抗氧化及热腐蚀能力,发展了多层结构系统。图 5.40(b)表示了一种多层热障涂层体系,其每一层都具有各自的特定功能,外层的封闭层和阻挡层主要用于阻挡燃气腐蚀产物 SO_3,SO_2,V_2O_5 的侵蚀,氧阻挡层则用于降低氧原子进一步向涂层内扩散的速率。多层体系热障涂层的热力学行为更为复杂,涂层的制备也相对困难。

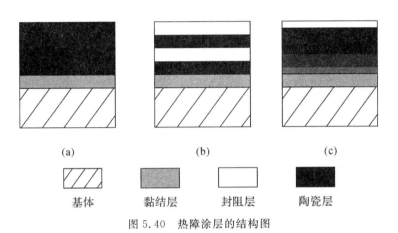

图 5.40　热障涂层的结构图

(a) 双层结构;　(b) 多层结构;　(c) 梯度结构

近年来,随着制备技术的发展,热障涂层结构已由经典的"MCrAlY+YSZ"双层结构向成分、结构连续变化的 MCrAlY+ZrO_2 梯度结构发展如图 5.40(c)所示。这种梯度涂层消除了层状结构的明显层间界面,使得涂层的力学性能由基体向陶瓷表层连续过渡,从而避免了热膨胀系数等不匹配所造成的陶瓷层过早剥落现象。

2. 陶瓷表层材料

热障涂层的基本设计思想就是利用陶瓷的高耐热性、抗腐蚀性和低导热性,实现对基体合金材料的保护。因此,对适用于作热障涂层陶瓷表层的材料提出了以下一些要求:① 高熔点;② 低密度;③ 较高的热反射率;④ 良好的热冲击性能;⑤ 较低的蒸汽压;⑥ 较高的抗热氧化及热腐蚀的能力;⑦ 相对较低的热导率;⑧ 热膨胀系数较高。

综合考虑上述的性能要求,从以往研究的陶瓷材料中筛选出了已知的几种可能适用于高温隔热涂层使用的陶瓷材料,其主要性能见表 5.12。

表 5.12　陶瓷材料的主要性能

材料	熔点/(℃)	密度 ρ /(g·cm^{-3})	热导率 /(W/m·K)	热膨胀系数 10^{-4}K^{-1}	弹性模量 E /GPa
8YSZ	2 700	5.6	2.12	10.7	—
3Al$_2$O$_3$·2SiO$_2$	1 810	3.156	3.3	4.5	147
α-Al$_2$O$_3$	2 040	3.99	21	8.0	372

续表

材料	熔点/(℃)	密度 ρ (g·cm^{-3})	热导率 (W/m·K)	热膨胀系数 10^{-4} K^{-1}	弹性模量 E GPa
ZrO$_2$	2 700	5.60	2.3	3.0～13.0	140
La$_2$Zr$_2$O$_7$	2 300	—	1.56	9.1	175
SiO$_2$	1 713	2.32	1.59	5	—
LaPO$_4$	2 070	—	1.8	10.5	133
BaZrO$_3$	2 690	—	3.42	8.1	181

NASA 对上述材料的对比研究表明 ZrO$_2$ 的综合性能是最好的，ZrO$_2$ 具有陶瓷材料中最接近金属材料的热膨胀系数，在 1 000 ℃时 ZrO$_2$ 的热膨胀系数为 3×10^{-6} C^{-1}，而 Ni 基高温合金的平均热膨胀系数为 3×10^{-6} C^{-1}，该材料的导热系数是 Al$_2$O$_3$ 的 1/100 左右；该材料具有较高的抗弯强度和断裂韧性，尤其是部分稳定的 ZrO$_2$ 特有的微裂纹和相变增韧机制，使得抗热冲击性能非常好。

在 ZrO$_2$ 中添加少量的 CaO，MgO，Y$_2$O$_3$ 等氧化物可以起到控制这种相变发生的作用，不同的稳定剂具有不同程度的相稳定作用，各自的稳定化机理也有可能不同。实际应用的热障涂层体系中 CaO，MgO 和 Y$_2$O$_3$ 是应用最多的氧化物稳定剂。早期热障涂层主要以 CaO，MgO 作相稳定剂。20 世纪 60 年代，使用 CaO 和 MgO 稳定的 ZrO$_2$ 等离子喷涂热障涂层就已应用于燃烧室等热端部件上，用于防止热蚀点的生成以延长工件热疲劳的寿命。这一材料体系使用了将近 20 年，但是后来的使用及研究发现以上这两种氧化物作稳定剂的涂层组织稳定性不好，燃气的硫化作用能使 CaO 和 MgO 从涂层中析出，降低对 ZrO$_2$ 的相稳定作用，使涂层的热循环寿命降低。研究表明，用 Y$_2$O$_3$ 作稳定剂的 ZrO$_2$ 陶瓷具有更好的组织稳定性和抗热疲劳性能。目前在发动机热端部件上所应用的热障涂层中 CaO 和 MgO 这两种稳定剂已基本被 Y$_2$O$_3$ 取代。

3. 黏结层材料

为了缓解陶瓷涂层和基体的热不匹配，同时也为了提高基体的抗氧化性，在基体和陶瓷涂层间加了一层 MCrAlY 金属黏结层。涂层的抗氧化机理一般是通过高温氧化环境中，在表面首先形成 Al$_2$O$_3$ 保护性氧化层以阻止涂层的进一步氧化，达到保护基体的目的。

黏结涂层的常见合金体系有 FeCrAlY，NiCrAlY，CoCrAlY，NiCoCrAlY 等几种，各自具有不同的使用特性。除了 FeCrAlY 以外，其他 3 种合金都在不同的热障涂层体系中采用过。由于 NiCoCrAlY 黏结层的抗氧化、抗热腐蚀综合性能较好，因此，飞机发动机叶片用的热障涂层大多采用这种合金体系。

4. 热障涂层应用

自 20 世纪 70 年代以来，美国、英国、法国和日本等发达工业化国家都竞相发展 TBCs 涂层，并大量应用在叶片、燃烧室、隔热屏、喷嘴、火焰筒和尾喷管等航空发动机热端部件上。

1976 年，在美国 NASA 刘易斯研究中心研制的 MgO 部分稳定的 ZrO$_2$ 热障涂层在 J75 发动机上首次通过验证，随后成功用于该发动机的燃烧室，后来被称之为第一代航空用热障涂层。20 世纪 80 年代初，P&W 公司成功地开发了第 2 代等离子喷涂热障涂层—PWA264。其陶瓷面层是大气等离子喷涂(Air Plasma Spray,APS)的质量分数为 7% 的氧化钇部分稳定的氧化锆(YSZ),金属黏结层为更耐氧化的低压等离子喷涂(Low Pressure Plasma Spray, LPPS)的 NiCoCrAlY。PWA264 涂层在 JT9D 发动机涡轮叶片上成功应用之后,又陆续在 PW2000,PW4000 和 V2500 等发动机的涡轮叶片上得到试验验证和应用。20 世纪 80 年代末,P&W 公司又成功地开发了第 3 代涡轮叶片 EB-PVD 热障涂层-PWA266。该涂层采用 EB-PVD 制备 7YSZ 陶瓷面层、低压等离子喷涂(LPPS)的 NiCoCrAlY 金属黏结层,该涂层消除了叶片蠕变疲劳、断裂和叶型表面抗氧化陶瓷的剥落,使其寿命比未喷涂该涂层叶片的寿命延长了 3 倍。PWA266 在 JT9D 和 PW2000 发动机上得到成功验证之后,于 1989 年首先应用到 PW2000 发动机涡轮叶片上,之后又应用至 JT9D-7R4,V2500,F100-PW-229 和 F119 等发动机涡轮叶片上。

同时,美国 GEAE 公司分别于 20 世纪 80 年代末和 20 世纪 90 年代初成功开发了大气等离子喷涂(Air Plasma Spray,APS)和电子束物理气相沉积(Electron Beam-Physical Vapor Deposition,EB-PVD)热障涂层,并在 CF6-50 发动机的第 2 级涡轮导向叶片上,采用 LPPS 制备的 MCrAlY 黏结层和 APS 陶瓷层的热障涂层;在 CF6-80 发动机的第 1 级工作叶片上采用 Pt-Al 黏结层和 EB-PVD 陶瓷层的热障涂层,第 2 级涡轮导向叶片采用了 APS 制备的 MCrAlY 黏结层和 APS 陶瓷层的热障涂层;在 CFM56-7 发动机的第 1 级涡轮导向叶片上,采用了铝黏结层和 EB-PVD 陶瓷层的热障涂层;在 F414 发动机上,采用了 EB-PVD 陶瓷层的热障涂层。

此外,英国 Rolls-Royce 公司也逐渐将 TBCs 大量应用到军用和民用发动机上。Spey 发动机有 200 多个零件使用了热障涂层,尤其是在第 1~3 级涡轮叶片叶冠上均使用了热障涂层,从而改善了叶片可靠性,提高了发动机效率。为提高发动机燃烧室可靠性,防止发生热变形进而产生裂纹, Rolls-Royce 公司还在 RB211 发动机燃烧室衬套表面采用了 APS 氧化锆涂层,从而极大地提高了燃烧室的使用寿命。EJ200 发动机高压涡轮工作叶片通过采用双层等离子沉积的热障涂层(面层为 YSZ,黏结层为 CoNiCrAlY),延长了叶片寿命,且提高了耐温能力。

法国 SNECMA 公司也已经将 EB-PVD 热障涂层应用到 M88-2 发动机 AM1 单晶合金涡轮叶片上,使涡轮的冷却空气流量减少,寿命延长,效率提高。图 5.41 为 TBCs 在航空发动机上应用的一些典型部件。

图 5.41　TBCs 在航空发动机上应用的一些典型部件

5.5　3D 打印技术在航空航天领域中的应用

在 21 世纪我国规划航空发动机材料发展战略时,我们认为必须将结构与材料、材料设计与成型工艺、组织结构与缺陷行为、高性能指标与可靠性统一于材料的研究与开发之中,建立在科学的理论与实践结合的基础之上。

例如,作为第三次工业革命制造领域的典型代表技术,3D 打印的发展时刻受到各界的广泛关注。而金属高性能增材制造技术(金属 3D 打印技术)被行内专家视为 3D 打印领域高难度、高标准的发展分支,在工业制造中有着举足轻重的地位。现如今,世界各国工业制造企业都在大力研发金属增材制造技术,尤其是航空航天制造企业,更是不惜耗费大量财力、物力加大研发力度,以确保自己的技术领先优势。在美国制造业回归战略以及德国工业 4.0 的背景衬衬下,国际环境也为 3D 打印提供了其成长不可或缺的营养。不管是美国新成立的国家增材制造中心,还是英国技术战略委员会,都将航空航天作为增材制造技术的首要应用领域。而在 2012 年 10 月,原中国科学院院长,全国人大委员会副委员长路甬祥曾明确表示,中国的 3D 技术也将首先应用于航空航天领域。

金属 3D 技术作为一项全新的制造技术,其在航空航天领域的应用优势突出,服务效益明显,主要体现在以下几方面。

1. 缩短新型航空航天装备的研发周期

航空航天技术是国防实力的象征,也是国家政治的体现形式,世界各国之间竞争异常激烈。因此,各国都想试图以更快的速度研发出更新的武器装备,使自己在国防领域处于不败之地。而金属 3D 打印技术让高性能金属零部件,尤其是高性能大结构件的制造流程大为缩短。无须研发零件制造过程中使用的模具,这将极大地缩短产品研发制造周期。

国防大学军事后勤与军事科技装备教研部教授李大光表示 20 世纪 80 — 90 年代,要研发新一代战斗机至少要花 10~20 年的时间,由于 3D 打印技术最突出的优点是无须机械加工或任何模具,就能直接从计算机图形数据中生成任何形状的零件,所以如果借助 3D 打印技术及其他信息技术,最少只需 3 年时间就能研制出一款新战斗机。加之该技术的高柔性,高性能灵活制造特点,以及对复杂零件的自由快速成型,金属 3D 打印将在航空航天领域大放异彩,为国防装备的制造提供强有力的技术支撑。

中国商飞的国产大飞机 C919 上的中央翼缘条零件(见图 5.42)是金属 3D 打印技术的在航空领域的应用典型。此结构件长 3 m 多,是国际上金属 3D 打印出最长的航空结构件。如果采用传统制造方法,此零件需要超大吨位的压力机锻造而成,不但费时费力,而且浪费原材料,目前国内还没有能够生产这种大型结构件的设备。

图 5.42　C919 上中央翼缘条零件

所以,要想保证飞机研发进程及安全性,我们必须向国外订购此零件,且从订货到装机使用周期长达 2 年多时间,这严重阻碍了飞机的研发进度。采用金属 3D 打印技术打印出的中央翼缘条,其研制时间仅一个月左右,其结构强度达到甚至超过了锻件使用标准,完全符合航空使用标准。金属 3D 打印技术的使用在很大程度上缩短我国大飞机的研制,让研制工作得以顺利进行。而这仅是金属 3D 打印技术应用在航空航天领域的一个缩影而已。

2. 提高材料的利用率,节约昂贵的战略材料,降低制造成本

航空航天制造领域大多都是在使用价格昂贵的战略材料,比如像钛合金、镍基高温合金等难加工的金属材料。传统制造方法对材料的使用率很低,一般不会大于 10%,甚至仅为 2%～5%。材料的极大浪费也就意味着机械加工的程序复杂,生产时间周期长。如果是那些难加工的技术零件,加工周期会大幅度增加,制造周期明显延长,从而造成制造成本的增加。

金属 3D 打印技术作为一种近净成型技术,只需进行少量的后续处理即可投入使用,材料的使用率达到了 60%,有时甚至是达到了 90% 以上。这不仅降低了制造成本,节约了原材料,更是符合国家提出的可持续发展战略。2014 年在中国科学院一个专题讨论会上,北京航空航天大学王华明教授曾表示,中国现在仅需 55 天就可以打印出 C919 飞机驾驶舱玻璃窗框架。王华明还说,欧洲一家飞机制造公司表示,他们生产同样的东西至少要 2 年,光做模具就要花 200 万美元,而中国采用 3D 打印技术不仅缩短了生产周期,提高了效率,而且节省了原材料,极大地降低了生产成本。

3. 优化零件结构,减轻重量,减少应力集中,增加使用寿命

对于航空航天武器装备而言,减重是其永恒不变的主题。不仅可以增加飞行装备在飞行过程中的灵活度,而且增加载重量,节省燃油,降低飞行成本。但是传统的制造方法已经将零件减重发挥到了极致,再想进一步发挥余力,已经不太现实。

但是 3D 技术的应用可以优化复杂零部件的结构,在保证性能的前提下,将复杂结构经变换重新设计成简单结构,从而起到减轻重量的效果。而且通过优化零件结构,能使零件的应力呈现出最合理化的分布,减少疲劳裂纹产生的危险,从而增加使用寿命。通过合理复杂的内流道结构实现温度的控制,使设计与材料的使用达到最优化,或者通过材料的复合实现零件不同部位的任意自由成型,以满足使用标准。

战斗机的起落架是承受高载荷,高冲击的关键部位,这就需要零件具有高强度,高的抗冲击能力。美国 F－16 战斗机上使用 3D 技术制造的起落架(见图 5.43),不仅满足使用标准,而且平均寿命是原来的 2.5 倍。

4. 零件的修复成型

金属 3D 打印技术除用于生产制造之外,其在金属高性能零件修复方面的应用价值绝不低于其制造本身。就目前情况而言,金属 3D 打印技术在修复成型方面所表现出的潜力甚至是高于其制造本身。

图 5.43　F-16 战斗机起落架

以高性能整体涡轮叶盘零件为例,当盘上的某一叶片受损,则整个涡轮叶盘将报废,直接经济损失价值在百万之上。较之前,这种损失可能不可挽回,令人心痛,但是基于 3D 打印逐层制造的特点,我们只需将受损的叶片看作是一种特殊的基材,在受损部位进行激光立体成型,就可以回复零件形状,且性能满足使用要求,甚至是高于基材的使用性能。由于 3D 打印过程中的可控性,其修复带来的负面影响很有限。

事实上,3D 打印制造的零部件更容易得到修复,匹配性更佳。相较于其他制造技术,在 3D 修复过程中,由于制造工艺和修复参数的差距,很难使修复区和基材在组织、成分以及性能上保持一致性。但是在修复 3D 成型的零件时就不会存在这种问题了。修复过程可以看作是增材制造过程的延续,修复区与基材可以达到最优的匹配。这就实现了零件制造过程的良性循环,低成本制造+低成本修复=高经济效益。

5. 与传统制造技术相配合,互通互补

传统制造技术适用于大批量成型产品的生产,而 3D 打印技术则更适合个性化或者精细化结构产品的制造。将 3D 打印技术和传统制造技术相结合,各取所长,充分发挥各自的优势,使制造技术发挥更大的威力。

比如,对于表面要求高质量性能,但中心要求性能一般的零件而言,可以使用传统制造技术生产出中心形状的零件,然后使用激光立体成型技术在这些中心零件上直接成形表面零件,这样就生出了表面性能高,中心要求一般的零件,节省了工艺的复杂程度,减少了生产流程。这种互补的生产组合,在零部件的生产制造中具有重要的实际应用价值。

再者,对于外部结构简单,但是内部结构复杂的零部件,其采用传统制造技术制造内部复杂结构时,过程烦琐,后续加工工序复杂这就造成了生产成本,延长了生产周期。采用外部使用传统制造技术而内部采用 3D 打印技术直接近净成型,这样只需少量后续工序就可完成产品的制造,这缩短了生产周期,降低了成本,发挥出传统技术和新技术的完美匹配制造的结合,实现了互通互补。

航空航天作为 3D 打印技术的首要应用领域,其技术优势明显,但是这绝不是意味着金属 3D 打印是无所不能的,在实际生产中,其技术应用还有很多亟待解决的问题。比如目前 3D 打印还无法适应大规模生产,满足不了高精度需求,无法实现高效率制造等。而且,制约 3D 打印发展的一个关键因素就是其设备成本的居高不下,大多数民用领域还无法承担起如此昂贵的设备制造成本。但是随着材料技术,计算机技术以及激光技术的不断发展,制造成本将会不断降低,满足制造业对生产成本的承受能力,届时 3D 打印将会在制造领域绽放属于它的光芒。

第6章 航天材料及其应用

6.1 航天材料概述

航天是指飞行器在大气层外宇宙空间的航行活动。实现航天飞行器的航行活动,是人类认识自然和改造自然、开拓新天地、扩大社会生产活动空间的追求和必然,也是人类文明高度发展的重要标志。自古以来,人类就怀有翱翔天空、遨游宇宙的愿望。在生产力和科学技术低下的时代,这种愿望只能停留在幻想的阶段。

1957 年 10 月 4 日苏联发射了世界上第一颗人造卫星,并于 1961 年 4 月 12 日发射了世界上第一艘载人飞船,标志着航空航天科学技术获得了巨大的成功,揭开了人类航天事业的新纪元。进入 21 世纪后,航天产业的发展为人类认识自然和驾驭自然注入新的、强大的动力,航天活动的作用远远超出科学技术领域,对政治、经济、军事以至人类社会生活都产生了更加广泛而深远的影响,并将不断地创造出崭新的科技成果和巨大的经济效益。1956 年中国开始筹建航天工业,并命名为国防部第五研究院,以后陆续演变为第七机械工业部、航天工业部、航空航天工业部、中国航天工业总公司及中国航天科技集团公司和中国航天机电集团公司。我国航天工业在创业初期曾仿制苏联产品,随后不断改进改型,坚持走自力更生、独立自主的发展道路,创造了以人造卫星、载人航天和绕月探测三座里程碑为代表的伟大成就,进一步增强了我国的国防实力、科技实力和民族凝聚力,推动我国逐步从航天大国迈向航天强国。航天材料既是研制生产航天产品的物质保障,又是推动航空航天产品更新换代的技术基础,因此航天事业的发展离不开航天材料发展。航天材料既是研制生产航天产品的物质保障,又是推动航天产品更新换代的技术基础。

航天产品受其使用条件和环境的制约,对材料提出了严格的要求。对结构材料而言,其中最关键的要求是轻质高强度、抗高温和耐腐蚀。从这一点上可以说,航天产业把结构材料的能力提高到了它的极限水平。飞行器的设计准则已经从原始的静强度设计发展到今天的损伤容限设计,设计选材时的重要决定因素是寿命期成本、强度重量比、疲劳寿命、断裂韧性、储存期及可靠性、可维修性等。对于航天产品来说,还要考虑材料更高的比刚度和比强度、低的热膨胀系数,耐超高温和超低温能力,以及在空间环境中的耐久性。如为了提高航天器燃料燃烧时的效率和保证重返大气层时的防护,需要有耐高温防热材料。为了保存低温推进剂如液氢、液氧,需要有耐低温和超低温材料及绝热材料。空间用高效能源也提出了许多关键性的材料问题。环境问题还包括外层空间的高真空状态、宇宙射线辐照和低地球轨道上原子氧的影响等问题。航天飞行器在超高温、超低温、高真空、高应力、强腐蚀等极端条件下工作,除了依靠优化的结构设计之外,还有赖于材料所具有的优异特性和功能。由此可见,航天材料在航天产品发展中的极其重要的地位和作用。

除结构材料外,功能材料在航空航天产品的发展中同样具有重要的作用,如微电子和光电子材料、传感器敏感元件材料、功能陶瓷材料、光纤材料、信息显示与存储材料、隐身材料以及智能材料等。

6.2　运载火箭材料

运载火箭是由多级火箭组成的航天运载工具。通常,运载火箭将人造地球卫星、载人飞船、空间站、空间探测器等有效载荷送入预定轨道。任务完成后,运载火箭被抛弃。

第二次世界大战后,美苏两国分别接收了德国研制成功的 V-2 导弹的部分产品、专家、设备和资料,为这两个国家迅速发展导弹技术创造了有利条件。在当时冷战的形势下,美苏在 V-2 导弹的基础上,开始了大规模的军备竞赛,研制成功了各类导弹武器,并形成了各种射程和不同制导精度的导弹武器系列,同时两国将导弹武器的技术转移发展为运载火箭技术。1957 年苏联首先把第一颗人造地球卫星送入太空,震撼了世界,揭开了人类探索太空的序幕。自 20 世纪 60 年代开始,我国自主研制成功了中近程、中程、中远程和洲际导弹并在 1970 年用长征一号运载火箭把第一颗人造地球卫星"东方红"送入太空,我国走的是一条先武器后运载的发展航天飞行器的道路。后来发展起来的欧洲、日本的航天技术则是借助他人经验从直接研制运载火箭开始的。

长征三号系列是我国自行研制的三级运载火箭,长征三号甲(CZ-3A)是其中的典型代表,它具有新的大推力的液氢液氧火箭发动机的第三子级,具有运载能力大(有效载荷质量为 2 500 kg),适用性强(可发射单星、双星、可变轨、可大姿态角运动),有空中二次点火能力等特点,长征三号甲的起飞质量为 241 t,起飞推力为 2 962 kN,第一、二子级发动机推进剂用四氧化二氮和偏二甲基肼,采用全惯性飞行控制系统,整流罩直径为 $\Phi 3.35$ m。长征三号甲运载火箭箭体及整流罩所用结构材料如图 6.1 所示,火箭的第一子级与第二子级的分离采用热分离方式,即第二子级发动机点火后才发出指令,使一、二子级火箭连接结构解锁;在第二子级发动机高温燃气流的作用下,实现级间分离,二、三子级火箭采用冷分离方式,即第二子级发动机关机后,先发指令,使二、三子级间连接结构解锁,然后点燃装在第二子级上的固体反推火箭,将第二子级反向推开,实现可靠分离,这些技术问题解决都有相当的难度,在材料的选择上也有所优化。

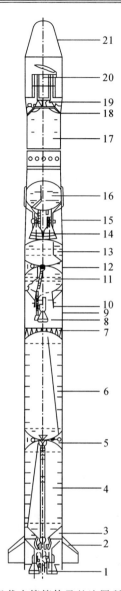

图 6.1 CZ - 3A 运载火箭箭体及整流罩所用结构材料示意图

1 ——一级发动机；2 ——一级尾翼 2A12(LY12)；3 ——后裙部 2A12(LY12)7A04(LC4)；4 ——一级燃料箱 2A14(LD10)；5 ——一级箱间段 2A12,7A04；6 ——一级氧化剂箱 2A14；7 ——一二级级间杆系 30CrMnSi；8 ——二级发动机主机；9 ——级间壳段 2A12,7A09(LC9)；10 ——二级发动机游机；11 ——二级燃料箱 2A14；12 ——二级箱间段 7A09；13 ——二级氧化剂箱 2A14；14 ——三级发动机；15 ——二三级级间段 2A12,7A09；16 ——液氧箱 2A14；17 ——液氢箱 2A14；18 ——仪器舱 2A12；19 ——卫星支架 2A14,铝蜂窝,C/E；20 ——有效载荷卫星；21 ——整流罩玻璃钢,铝合金,蜂窝 2A12 面板

发展新一代大型运载火箭,依赖于新材料技术的支撑,其主要需求可归纳如下。①新型高强度轻质箭体结构材料；②新型高强度轻质液体推进剂贮箱结构材料；③大推力的液氢/液氧火箭发动机关键结构材料；④大推力液氧/煤油火箭发动机关键结构材料；⑤液氢/液氧,液氧/

煤油火箭发动机密封件、厌氧胶、阻尼材料等高分子材料。同时还要力图从选材方面应用新材料,以减轻仪器框架和地面设备质量,并掌握金属、非金属蜂窝结构的设计及其新工艺以及性能评价技术。新一代运载火箭对新材料和工艺的需求见表 6.1。

表 6.1 新一代运载火箭对新材料和工艺的需求

应用部分	材　料	技术要求
箭体结构	(1)高强度轻质铝合金材料 (2)高性能碳/环氧复合材料	实现弹体结构轻质化,减轻结构质量
推进剂贮箱	(1)高强度可焊铝锂合金材料 (2)高性能碳/环氧复合材料	使液氢和液氧贮箱比常规铝合金减轻结构质量
整流罩	(1)蜂窝夹层结构材料技术 (2)大型整流罩成型新工艺技术	整流罩刚度的优化设计
仪器框架	(1)高性能环氧复合材料 (2)高强度轻质合金材料	使设备小型化、轻质化、减轻结构质量
地面设备	(1)碳/环氧复合材料 (2)高性能轻质金属结构材料	地面设计轻质化,减轻地面设备如发射筒等结构质量

6.2.1　贮箱材料

运载火箭的贮箱属大型薄壁结构,工作条件恶劣,影响因素更多,选材更为困难。选择贮箱材料应考虑下列因素:使用环境下材料的比强度和比刚度;材料在使用条件下的断裂韧度和亚临界裂纹扩展速率;材料的生产工艺性;材料与环境的相容性;生产成本与资源;国内生产工艺水平和产品研制进度。考虑这些因素,铝合金、钛合金、合金钢和复合材料都有可能作为贮箱箱体材料。对比国外在不同时期研制的大型运载贮箱的箱体材料。可以看出,即使在满足推进剂相容性要求的条件下,合金钢也仅用于早期研制的少数型号。例如,美国的先锋号(Vanguard)火箭二子级和德尔塔(Delta)战斗机的原型机采用了 410 型不锈钢;宇宙神 - D(Atlas - D)火箭芯级采用 301 型不锈钢,欧空局的阿里安 - 1(Ariane1)的一子级贮箱采用了高强度可焊钢板。在满足与推进剂相容性要求的前提下,采用钛合金作为贮箱材料的仅是个别型号的上面级贮箱,其容积相对要小得多。例如美国大力神 - 3C(Titan 3C)三子级的 2 个推进剂贮箱即采用了 Ti - 6Al - 4V 钛合金。上述情况表明,大型运载贮箱,特别是近年来研制的新型运载火箭的芯级贮箱材料,如阿里安 - 5、H - 2A 等在确保相容性的前提下仍以金属材料中的铝合金为主。

1. Al - Mg 系 LF6(5A06)合金

Al - Mg 系的 LF6(5A06)合金是与苏联的 AMr6(见表 6.2)相类似的一种具有良好综合性能的铝合金,具有良好的塑性、适当的力学性能和较高的比模量、较强的耐腐蚀性、良好的工艺性能和优良的可焊性。我国 Φ2.25 m 的常温贮箱采用了这种材料。由于该材料比较成熟,性能和工艺比较稳定,一直沿用至今。据称,苏联从早期的东方号到后来相当一段时期的型号一直采用 Al-Mg 系的半冷作硬化的 AMr6 合金作为箱体材料。美国的第一种大型液体运载火箭——"土星 1"是为实现载人登月的"阿波罗"计划而从 1959 年开始研制的,其一子级为并联贮箱,箱体材料也采用 Al-Mg 系合金,筒段材料牌号为 5456-H34,上、下箱底为 5086-A,这两种合金的成分大体与我国的 LF6 相当。

表 6.2　LF6 及相应合金化学成分与常温力学性能

牌　号	化学成分　w_t/(%)							力学性能			
	Si	Fe	Ca	Mn	Mg	Ti	Al	合金状态及厚度/mm	抗拉强度 σ_b MPa	屈服强度 σ_s MPa	延伸率 δ (%)
LF6 中国	≤0.4	≤0.04	≤0.1	0.5～0.8	5.8～6.8	0.02～0.15	余量	退火状态 0.5～4.5 半硬状态 1.5～3.5	≥314 ≥372.4	≥157 ≥264.6	≥15 ≥8
AMr6 苏联	≤0.4	0.4	0.1	0.5～0.8	5.8～6.8	0.02～0.10	余量	退火状态 0.6～10.5	≥314	≥157	≥157
5086 5456 美国	≤0.4 ≤0.25	≤0.5 ≤0.4	0.1 0.1	0.2～0.7 0.5～1.0	3.5～4.5 4.7～5.5	0.15 0.02	余量	加工硬化 加工硬化	325 310	255 165	≥10 ≥22

但是从今天的标准看 Al-Mg 类合金在使用中存在两个明显不足:不能热处理强化,强度低;冷作强化后产生时效软化。这是由 Al-Mg 系合金自身特点造成的,因而限制了 Al-Mg 系合金在大型贮箱上的进一步应用,它将逐渐被 Al-Cu-Mg 和 Al-Cu-Mn 系可热处理强化合金所替代。

2. Al-Cu-Mg-Si 系 LD10 合金

LD10 合金属 Al-Cu-Mg-Si 系热处理强化铝合金,又称高强度铝合金,可制成大型铸锭、锻件、板材和型材。同 Al-Mg 系的 LF6 相比,其力学性能有大幅度提高(见表 6.3),因此被选为我国 20 世纪 80 年代 Φ3.35 m 运载贮箱的箱体材料,使用至今已逾 30 年。该合金的低温性能亦令人满意,贮箱是一种复杂的焊接构件,要求箱体材料具有良好的焊接性能,包括补焊和重复焊接性能。从这个角度看,LD10 合金存在以下两个严重的问题。

(1) 焊接性能差,焊接裂纹倾向大,承载时有产生低应力脆断的倾向。

(2) 存放时有晶间腐蚀和应力腐蚀倾向。

经过艰苦攻关,已基本解决了这些难题。同我国 LD10 相近的美国牌号是 2014 铝合金(见表6.3),在美国早期研制的大型运载火箭中也曾被用作箱体材料。据报道,美国在应用

2014 合金的初期,在焊接工艺上也曾遇到了很多困难,到了后期,2014 贮箱焊接裂纹问题也没有根本解决,在生产中仍时有发生。上述情况表明,LD10 类合金焊接性差,特别是断裂韧性低的问题,这是该类合金固有的特性,通过改进焊接(填充)材料、完善焊接工艺只能使问题得到缓解。

表 6.3　LD10 及相应合金化学成分与常温力学性能

牌　号	化学成分　$w_t/(\%)$								力学性能			
	Si	Fe	Cu	Mn	Mg	Zn	Ti	Al	合金状态及厚度/mm	抗拉强度 σ_b MPa	屈服强度 σ_s MPa	延伸率 δ (%)
(中国) LD10 (2A14)	0.6~1.2	0.7	3.9~4.8	0.4~1.0	0.4~0.8	0.3	0.15	余量	退火 0.5~10 淬火、人工时效 0.5~10	≥245 422	333	10 5
(苏联) AK 8	0.6~1.2	0.7	3.9~4.8	0.4~1.0	0.4~0.8	0.3	0.1	余量	热处理	440	372	8
(美国) 2014	0.5~1.2	0.7	3.9~5.0	0.4~1.2	0.2~0.8	0.25	0.15	余量	热处理	485	415	13

解决问题的根本出路是更换材料或选用新的焊接方法。由英国焊接研究所(TWI)于 1991 年发明的搅拌摩擦焊(Friction Stir Welding,PSW)就是一种很有希望的方法。它属于固相连接,这就有可能避免 LD10 在熔化焊时所表现出的可焊性差、裂纹倾向严重等问题。有资料表明,波音公司用搅拌摩擦焊焊接的低温贮箱已于 1999 年 8 月装箭发射升空。

3. Al-Cu-Mn 系 147 铝合金

我国参照美国 2219 合金的成分配比研制的 147 铝合金,属可热处理强化的 Al-Cu-Mn 系高强度、耐热、可焊接铝合金(见表 6.4),具有良好的抗热裂性和与 LD10 相近的综合性能,且塑性、韧性,特别是低温韧性明显优于 LD10,低温或高温下板材力学性能高于 LD10。合金的抗大气腐蚀性能和成型工艺性能与 LD10 合金相近。采用合理的热处理制度,147 铝合金无应力腐蚀倾向。特别是 147 铝合金的焊接性能好,与 Al-Mg 系合金中的 LF6 相当,焊接裂纹倾向性低,对焊接工艺条件变化不敏感。焊接接头在室温、低温和高温条件下(≈300 ℃)均具有良好的强度、塑性和冲击韧性。147 铝合金对化学铣切的适应性亦令人满意。显然,147 铝合金的上述一系列优良特性,适合于作各种形状(圆柱形、球形、环形、锥形等)的箱体材料。正是基于上述技术基础,早在 20 世纪 80 年代,147 铝合金曾被选为新型贮箱材料并进行了工程化应用实践,积累了经验,表明我国已具备 147 合金的工业化生产和工程应用的条件。

表 6.4　147 及相应合金化学成分与常温力学性能

牌号	化学成分　$w_t/(\%)$								力学性能			
	Cu	Mn	Ti	Zr	V	Fe	Si	Al	合金状态及厚度/mm	抗拉强度 σ_b MPa	屈服强度 σ_s MPa	延伸率 δ (%)
(中国) 147	5.8~ 6.8	0.2~ 0.4	0.02~ 0.1	0.1~ 0.25	0.05~ 0.15	0.3	0.2	余量	退火 1.0~20.0	220		12
									热处理 1.0~6.0	425		6
									7.0~24.0		315	
									热处理 1.0~6.0	441	359	6
									7.0~20.0		351	
(苏联) 1201	5.8~ 6.8	0.4~ 0.8	0.02~ 0.10	0.2~ 0.4	0.05~ 0.15				加工硬化	430	350	11
(美国) 2219	5.8~ 6.8	0.2~ 0.4	0.02~ 0.10	0.2~ 0.4	0.05~ 0.15				热处理	475	395	10
									热处理	415	290	10

　　早在 20 世纪 50 年代,美国开始研制 2219 铝合金以代替 2014。在 1962—1967 年间研制土星 V 火箭时,其一子级的直径达 Φ10.06 m 的贮箱即采用了这种材料。在 20 世纪 70 年代美国研制航天飞机外贮箱时,据称曾考虑了 4 种铝合金。然而 2219 铝合金除具有保证结构可靠性所需要的强度、抗应力腐蚀及韧性等最佳综合性能外,还可以手工补焊,且裂纹倾向性很小,因此这种直径达 Φ8.38 m、长 47 m 的外贮箱也采用了 2219 合金。美国国家宇航局(NASA)还把 2219 推荐为载人飞行器舱的最佳结构材料之一。大约从 20 世纪 70 年代起,在美国 2219 铝合金作为贮箱材料全面取代 2014,一直延续至今,仍在广泛使用。

　　苏联在 20 世纪 70 年代中期开始研制重型通用运载火箭"能源号"时,直径达 Φ8 m 的大型液氢液氧贮箱所采用的 1201 铝合金,其化学成分和性能与我国 147 和美国的 2219 也是相同或相近的(见表 6.4)。近 20 年来,世界各国专门为运载研制的大型火箭,例如日本 1984 年启动的 H - 2,1996 年启动的 H - 2A,欧空局 1988 年启动的阿里安 - 5 均采用了 2219 作为箱体材料。这种现象与国外研制新型一次性运载火箭时从设计开始就考虑商业上的可行性,以可靠性、安全性和经济性作为主要设计原则不无关系。从使用和制造的角度看,147 合金有两点不足,一是常温拉伸性能稍低于 LD10,二是氩弧焊时气孔倾向似乎比 LD10 大。

4. Al - Li 系合金

　　Al - Li 系铝合金以其低密度、高模量、高强度而著称(见表 6.5)。特别是 20 世纪 70 年代以来一大批具有良好的断裂韧性、抗腐蚀性、超塑性、耐低温性能和可焊性的新型铝锂合金相继问世,引起各国航天界的关注。用新型 Al - Li 合金代替常规的 Al - Mg 系、Al - Cu 系合金作为航天结构材料,可使构件质量减轻 10 %~15 %,结构刚度提高 15%~20%,新型 Al - Li 合金被认为是 21 世纪航天航空的主要结构材料之一。

表 6.5　Al-Mg、Al-Cu 与 Al-Li 合金常温性能对比

合金系	牌　号	弹性模量 E GPa	抗拉强度 σ_b MPa	屈服强度 σ_s MPa	延伸率 δ （%）	密度 ρ （g·mm^{-3}）
Al—Mg	LF6	66.6	314	157	15	2.64
Al—Cu	LD10	68.6	441	353	6	2.8
	147	70.6	440	350	6	2.8
Al—Li	2195(美国)	76	586	548	8.4	2.72
	1460(苏联)	80	530～570	460～500	2.5～12	2.60

　　苏联在 20 世纪 80 年代研制出高强度、可焊接、适宜于低温下使用的 1460 铝锂合金,并用作能源号火箭芯级(二级)Φ8 m,长度为 40 m 和 20 m 的液氢、液氧贮箱材料,获得了成功。麦道公司也使用这种合金制作了德尔塔三角快帆 DC-XA 单级入轨火箭的液氧贮箱,比用传统铝合金质量减轻 10%。美国用其研制的 Weld alite 049 系列中的 2195 铝锂合金制造了航天飞机外贮箱,比原来的贮箱质量减轻 3 405 kg。1998 年 6 月装备了 2195 合金贮箱的奋进号航天飞机飞行成功,NASA 已与洛克希德·马丁公司签订了 120 个这种贮箱的订购合同。美国 SpaceX 轨道公司的 Falcon 9 火箭贮箱直径 Φ3.6 m,使用 2198 铝锂合金全搅拌焊接技术、简化的贮箱壁板制造方案,该型号火箭有效载荷发射费用低,说明铝锂合金材料价格虽相对常规铝合金较高,但通过结构系统优化和制造工艺低成本技术开发,可实现运载火箭及发射的总体低成本。上述事实表明 Al-Li 合金替代 2219 作为大型贮箱材料在国外已开始进入工业化生产和工程应用阶段。

　　我国对 Al-Li 合金,特别是新型 Al-Li 合金的研制开发较晚。就其规模和水平而言,大多属试验性或实验室阶段的基础性研究工作。航天系统在 Al-Li 合金应用方面做了有益的探索,并在一些结构中采用了 1420 铝锂合金。但是,在 Φ5 m 运载贮箱上采用铝锂合金必须研制像 1460 或 2195 这类可焊性能好的合金。研制这类合金,我国还有许多基础性的工作要做,难以适应新型运载火箭研制进度的要求。但为了改变我国在贮箱材料方面技术储备不足的局面,加大 Al-Li 合金研制力度,作为备用材料抓紧开发还是十分必要的。

5. 复合材料

　　复合材料不仅保留组分材料的优点,还可以产生新的优异特点,是可以根据使用要求人为设计的材料。同时,复合材料的比强度和比刚度均高于金属材料,表 6.6 给出了近年来作为航天结构材料使用最多的碳/环氧复合材料同金属材料的性能对比,可以看出复合材料的抗疲劳性能和抗震性能也都远优于金属材料。此外,复合材料具有较好的成型工艺性,可减少零件和连接工序的数量。

表 6.6　金属材料与碳/环氧复合材料常温力学性能对比

材料名称	密度 ρ （g·cm^{-3}）	抗拉强度 σ_b MPa	比强度 （10^7MPa·cm^3·g^{-1}）	弹性模量 E GPa	比模量 （10^9MPa·cm^3·g^{-1}）
钢	7.8	1 030	0.132	210	0.27
钛	4.5	960	0.213	114	0.25

续表

材料名称	密度 ρ $(g \cdot cm^{-3})$	抗拉强度 σ_b MPa	比强度 $(10^7 MPa \cdot cm^3 \cdot g^{-1})$	弹性模量 E GPa	比模量 $(10^9 MPa \cdot cm^3 \cdot g^{-1})$
铝	2.8	470	0.168	75	0.27
碳—环氧	1.5	1 900	1.27	150	1.00
	1.6	1 120	0.68	240	1.50

　　NASA 在航天飞机上采用复合材料收到了显著的减重效果。目前,正试图将复合材料的应用扩大到大型低温贮箱中。例如美国研制的第二代 RLVX-33 试验机的液氢贮箱即采用了石墨/环氧复合材料。历时 5 年,经过一系列试验后,1999 年 11 月 3 号在模拟飞行前,贮箱内承受 2 h 载荷试验时,一个液氢贮箱损坏,使已推迟 16 个月首飞的 X-33 计划再次受挫,引起 NASA 官员的极大震惊。他们认为靠目前的制造技术,用石墨/环氧复合材料制造的液氢贮箱质量不能保证,决定另外制造铝合金液氢贮箱作替换件。这是导致后来 X-33 试验机计划流产的主要原因之一。这也说明即使对美国这样在复合材料的研究上投入最多、规模最大、应用最广、水平最高的国家,将复合材料用于大型低温贮箱时其技术难度也是相当大的,还有许多技术问题需要解决。

　　我国航天工业对复合材料结构研究始于 20 世纪 70 年代。近 10 年来,复合材料在运载火箭承力结构等方面获得了应用,但是,把复合材料作为 Φ5 m 大运载贮箱箱体结构材料还为时过早。这将是与金属贮箱制造完全不同的,集结构设计、材料设计与工艺设计三位一体的新型制造模式。同金属贮箱相比,复合材料的制造工艺过程更加复杂,产品检测和断裂控制还有许多新的问题需要解决。

　　复合材料气瓶具有“爆破前泄漏”的失效模式,可靠性高、强度高、抗疲劳、耐腐蚀、寿命长、重量轻,比钛合金气瓶可减少大约 25%～50% 的质量,其容器性能因子(又称为特征系数)约为钛合金的 1.5～3 倍,是一种比较理想的轻质高强度、高性能压力容器,用其代替全金属压力容器已经成为航天航空领域气瓶发展的一种趋势。国外在运载火箭、导弹、军用飞机等方面已广泛应用了金属内衬复合气瓶,应用于喷射系统、紧急动力系统和发动机重新启动应用系统以及空间试验室、卫星、导弹等。如休斯公司的 HS2601 卫星平台,推进系统配置了两个石墨纤维/环氧树脂、铝内衬圆柱形气瓶,气瓶体积 43.43 L,最大工作压力 28.96 MPa。国际通信卫星 7 号和 7A 均应用了复合材料气瓶,其中前者配置了 2 个复合材料气瓶,后者配置 3 个。法国航空空间公司为 TVSAT 卫星、TDF-1 卫星、Eurostar 卫星、DFS 卫星、阿里安 4 第二级研制的复合容器,内衬都采用 Ti6A14V,缠绕纤维有凯芙拉和 IM6/B4.13。此外德国 MAN 技术股份有限公司为阿里安-5 上面级研制的球形复合容器内衬采用了钛合金,缠绕纤维采用的是 T800 高强度碳纤维环氧树脂复合材料,容器外径为 0.83 m,容积 300 L,工作压力 40 MPa,减轻重量约 50%。

6.2.2　气瓶与整流罩材料

　　我国航天运载火箭领域,复合材料气瓶仍未获得实际应用,现有运载火箭均采用钛合金气瓶,如利用低间隙元素含量钛合金 TA7ELI 在低温下具有更高的强度、更好的塑性和韧性的特点,研制出在液氢环境下使用的 20 L 低温 TA7ELI 钛合金气瓶,如图 6.2 所示,现已将该气瓶用于了长征系列运载火箭。

与运载火箭配套使用的整流罩是一重要部件,它是将有效载荷(卫星,或其他航天器)安全地送入预定轨道上的保护装置,对整流罩的一般要求是要有足够的强度,质量要轻,刚度要大。国外大型运载火箭整流罩直径可达 Φ5 000 mm 以上,长度也超过 20 m,如阿里安-5 的整流罩直径为 Φ5 400 mm,H-IIA 及大力神-4 直径在 Φ5 100 mm 左右。在结构形式上,Ariane V、Atlas V 和 H-IIA222 等火箭整流罩采用了铝蜂窝夹层结构形式;Delta II,III,IV 和 H-IIA 火箭整流罩采用了 ROHACELLR 泡沫为德国赢创公司生产的一种用于轻质夹层结构的聚甲基丙烯酰亚胺结构泡沫。泡沫和环氧预浸料面板共同化制造技术。波音公司新的 Delta IV 系列运载火箭中,在有效载荷整流罩、级间段中间体、隔热罩和推进器鼻锥结构中都采用了 ROHACELLR 芯材夹层结构的设计方案,其中 Delta IV 运载火箭的整流罩长 25 m,直径 Φ 5.5 m,是目前世界上共同化工艺制作的最大的泡沫夹层结构件。据分析,复合材料泡沫夹层结构较铝蜂窝相比成本可降低 20%~25%左右。

我国现有型号整流罩结构采用的材料方案为端头帽玻璃钢材料,前锥和柱筒段常用铝蜂窝夹层结构;倒锥一般采用铝蜂窝夹层结构或铝制半硬壳蒙皮加筋结构。新一代运载火箭大型整流罩外形是冯·卡门外形(原始卵形,Von Carmen)+圆柱形,由两个半罩组成,直径为 Φ5 200 mm,分为 13 m,18 m,20.5 m 三个长度系列,是迄今为止国内设计的最大系列整流罩,如图 6.3 所示为我国长征五号火箭整流罩。冯·卡门整流罩锥段主要功能是维持气动外形,采用碳/环氧面板或玻璃钢面板及 PMI 泡沫芯子组成的夹层结构。此结构形式具有较好的气动外形、制造工艺性好、隔热性好及吸声降噪能力较强的特点。

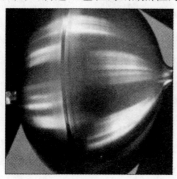

图 6.2　低温 TA7ELI 钛合金气瓶

图 6.3　长征五号火箭整流罩

6.3　导弹材料

导弹作为一种威力巨大的远程攻击武器,在保卫祖国的领空和海疆,壮大国防力量中起着举足轻重的作用;同时导弹技术和其他兵器技术的发展,又是材料科学发展的巨大动力之一,牵引和推动着材料科学技术水平的不断提高。材料的选择是导弹结构设计的重要环节,材料性能的优劣直接影响着导弹的各项技术性能。

导弹是一种长期储存和一次使用的复杂产品,材料性能的优劣对其技术性能影响很大。

导弹对其材料的性能要求如下。

（1）导弹在运输、发射及飞行的过程中都承受较大的载荷，包括导弹在运输中由于颠簸而承受的震动过载和导弹发射与飞行时弹体承受的轴向过载，因此导弹的弹翼、弹舱段、承力式储箱、连接框架等主要受力结构部件都要求有高的比强度、比刚度以及抗震能力，以保证导弹使用安全可靠，同时有效减轻导弹结构质量，增加有效载荷，提高导弹的战术性能、增大射程。

（2）当导弹在超低空的飞行速度大于 2 个马赫数（$Ma>2$）时，由于气动加热，弹体表面温度可达 200 ℃以上，因此弹体结构材料（尤其是蒙皮）必须有较高的热稳定性。

（3）飞航导弹大多在沿海地区储存和执行战备值班任务，或者装载于舰艇上出海航行，海洋环境的湿热、盐雾和霉菌会使导弹受到严重腐蚀。另外，使用液体火箭发动机的导弹，其燃料储箱、发动机壳体及动力系统管道材料必须抵御硝酸、偏二甲肼等化学试剂的浸蚀，因此，导弹结构材料必须具有优良耐化学腐蚀性能。

（4）导弹结构材料应具有良好的工艺性能和高的经济效益，在保证结构件质量的前提下，努力做到工艺简单、工序少、周期短，尽量采用整体成型、减少螺栓连接、铆接。

以上种种的性能要求，传统的钢、铝合金、钛合金等很难完全满足。目前应用较多的是复合材料。美国早期的"战斧"亚音速巡航导弹使用了较多的复合材料部件，如头锥、天线罩、尾翼、进气道等，但性能一般，主要目的是降低成本。其他战术导弹大多以金属材料为主。这种状况从 20 世纪 80 年代开始有了较大改观，首先是各种固体发动机壳体和部分弹体蒙皮开始使用复合材料，如美国波音公司开发的直径 $\Phi200$ mm 的两级式空射导弹壳体（ERL - 1908 环氧树脂/T40 碳纤维）、直径 $\Phi170$ mm 的 VT - 1 先进防空导弹壳体（1908 环氧树脂/T40 碳纤维）、直径 $\Phi165$ mm 的小型超高速动能导弹 CKEM（酸酐固化环氧树脂/T1000 碳纤维）、各种类型的反导弹发动机壳体（ERINT，THAAD，SM - 3）等。美国基地拦截弹 ERIS 的杀伤飞行器采用碳纤维复合材料后质量减轻 52%，我国也首次在海防导弹弹翼上成功使用了环氧树脂/碳纤维材料。

6.3.1 导弹蒙皮材料

先进聚合物基结构复合材料在战术导弹上的另一个重要发展趋势是高温结构复合材料。这是由于导弹飞行速度不断提高，飞行时间要求也不断增长，高马赫数下长时间飞行的气动加热环境将日益严酷。在巡航导弹领域这种趋势特别明显，为了提高突防能力，其飞行速度正由目前的亚音速向中超音速（2～5 Ma）发展（如法国的超音速巡航导弹 ASLP）；目前美国的巡航导弹飞行速度已经达到 8～9 Ma。空气动力学原理表明，弹体驻点温度取决于导弹飞行马赫数和飞行高度的环境温度，粗略计算表明，在海平面条件下，飞行速度为 1 Ma，2 Ma，3 Ma 时，弹体温度分别可达 80 ℃，220 ℃，480 ℃。如果为 3 Ma，在作战高度时弹体温度要高达 300 ℃以上。这种环境下常规的高强度铝合金和环氧复合材料已不能满足使用要求，必须采用先进的高温材料。人们首先考虑的材料是钛合金，但其成本很高，密度很大（4.5～5.2 g·cm^{-3}）。因此国外在 20 世纪 80 年代就已开始研究超音速战术导弹用先进聚合物基复合材料，它们可以比钛合金轻 53%～67%。美国海军空战中心已经确定将高温复合材料作为 4

Ma空中拦截弹的控制舵面材料。高温结构复合材料用的聚合物基体当前主要是双马和氰酸酯。

以改进型超音速海麻雀导弹为例,在发射后8～10 s时弹体蒙皮将达到最高工作温度371 ℃,这种工作环境将使2024铝合金强度降低90％,必须采用先进的耐高温壳体材料。雷锡恩公司已确定在工程与制造开发阶段在仪器舱铝合金壳体上外缠绕双马/石英防热层,在批量生产阶段将采用F650双马/碳纤维高温复合材料舱体,以增韧的F655双马和RS－3氰酸酯为后备方案。雷锡恩公司还确定双马为超音速巡航导弹的指定聚合物基体,并且已完成了采用双马/碳纤维代替聚酰亚胺/碳纤维作为空中拦截弹背鳍的鉴定工作。其他航天公司也对高温结构复合材料开展了大量研究,例如美国德州大学已经为超音速导弹开发了氰酸酯/短切碳纤维模压舵面蒙皮,产品比原来轻25％,成本低40％。

聚酰亚胺和聚苯并咪唑使用温度很高,但它们的成本和工艺性较差,目前大部分处在研究阶段,广泛应用尚不十分成熟。美国空军材料实验室已采用聚酰亚胺/玻纤和聚酰亚胺/碳纤维制造近程空空导弹弹体和弹翼,飞行模拟试验表明它们均满足气动加热环境要求;美国麦道公司研制的聚苯并咪唑/碳纤维弹翼,在4 Ma的风洞试验中完整无损,在4.4 Ma状态下经受了350 s试验,在15°攻角下(前缘温度704 ℃)试验100 s弹翼状态依然良好。

6.3.2 导弹弹头材料

弹头是弹道导弹的有效载荷,是导弹武器的关键部件,其防护材料是材料界研究的重点。弹头的组成一般包括壳体、战斗部装药、引信、保险装置以及保证弹头在贮存、运输、发射和飞行过程中完成各种规定功能的装置。弹道导弹弹头有各种分类方法,如按弹头数量分类有单弹头和多弹头,多弹头还可分为集束式多弹头、分导式多弹头和机动式多弹头。

弹道导弹弹头的结构质量问题至关重要,在满足再入环境和工况要求的前提下,尽量减轻质量意义重大。对洲际导弹来讲,弹头如能减轻1 kg质量,可增加15 km的射程,或相当于减少起飞质量50 kg。由此可见,研究发展轻质高效的弹头防热材料是材料技术的主攻方向。近半个世纪,弹道导弹得到飞速的发展,主要表现在提高射程、弹头威力和防护、突防技术以及弹头的命中精度等方面都有突破性的进展。其中与材料工艺有密切关系的是弹头的防护和突防技术,这是弹头设计、气动力学和新材料领域共同关注的"热点"问题,也是研究新材料的一大难题。

弹头高速再入大气层时,急剧的气动加热使弹头表面周围的空气分子及烧蚀材料产物发生电离,分解形成等离子体,造成两个后果:其一,弹头被等离子体包围,使弹头与地面无线电通信中断,这种现象统称为"黑障"。解决办法之一,是提高防热材料的纯度,使其碱金属或碱土金属含量少于百万分之几十以下,以改善等离子鞘的环境。其二,产生类似流星坠落一样的"亮尾巴",一般称为"弹头尾流"。对洲际导弹而言"弹头尾流"的长度很长,极易被对方预警雷达系统发现,增加了突防的困难。解决问题的途径之一仍然是从防热材料的纯度上想办法,或在防热材料中加入少量的亲电子材料。表6.7包括了洲际导弹和弹头对主要关键材料的需求,涉及洲际导弹弹头突破再入自然环境和突防技术中有关材料方面的关键技术问题。

表 6.7 洲际导弹弹头对材料的需求

材 料	技术要求
(1)先进碳/碳复合材料 (2)高性能/酚醛材料 (3)新型陶瓷基复合材料 (4)高强度轻质铝合金材料 (5)抗核爆 X 射线防护材料 (6)红外、雷达隐身材料 (7)多功能诱饵材料	实现弹头小型化、轻质化、高性能、全天候、强突防、减轻结构质量

第一代战略导弹弹头鼻锥材料是玻璃/酚醛或高硅氧/酚醛,属于硅系复合材料。随导弹射程增加,对精度和减轻质量要求的增加,研制发展了第二代碳基复合材料,典型的是三向细编碳/碳复合材料,并已成功地用作 MK－12 弹尖鼻锥材料和固体火箭发动机的喷管喉衬材料。第三代弹头鼻锥防热材料也是碳基复合材料,主要是改进了抗天然或人为诱发粒子的碰撞与冲刷性能。三向正交细编碳/碳复合材料,解决了中等气候条件下粒子侵蚀问题,也已成功地用于改进型 MK－12 弹头。更新的弹头鼻锥防热材料是针刺细编织物的穿刺或编织过程中加入提高改进性能的组分,像耐熔金属丝,耐侵蚀粒子等,这样可以大大改善抗粒子性能,达到全天候的目的。此外,四向或更多向碳基复合材料也是研制发展的方向,由于采用了交错网络结构和增加了增强方向数,不仅增加了各向同性,提高了抗侵蚀能力,也改进了耐烧蚀性。由此可见,弹头防热材料的发展经历了"硅基"防热材料,主要用于中低热流条件下的防热,"碳基"防热材料,主要用于较高热流条件下的大面积防热,其中碳/碳防热材料则用于高热流条件下的局部防热和抗氧化的热结构。表 6.8 列出了美、苏几种典型战略导弹弹头端头外形和所采用的材料工艺简况。

表 6.8 美苏几种典型弹道导弹弹头端头外形和材料工艺简况

弹头名称	弹头型号	弹头主要特点	端头外形	防热方式	防热材料简况
MK－6	大力神-Ⅲ	钝锤、突防设备		烧蚀式	无增强环氧型材料
MK－17	—	单－大,有突防措施		烧蚀式	高硅氧/酚醛复合材料
MK－12A	民兵-Ⅲ 侏儒	尖锥、三个子头分导式飞行,有突防措施		烧蚀式	细编穿刺三向碳/碳复合材料
—	海神	尖锥、10 个子弹头		烧蚀式	高硅氧/酚醛复合材料
—	SS－9	面目标,集束式多弹头,无机动飞行		烧蚀式	碳/酚醛、碳/碳复合材料
—	SS－25	三个子弹头,面目标		烧蚀式	平面四复合材料向碳/碳

6.4 火箭发动机材料

火箭发动机是各类火箭和导弹最主要的动力装置,目前应用十分广泛,技术比较成熟的主要有液体火箭发动机和固体火箭发动机。由于其工作时处于高温、高压的恶劣环境,再加之航天活动对轻质、强度和可靠性的苛刻要求,使得火箭发动机对材料的要求也比较严格。

6.4.1 液体火箭发动机材料

液体火箭发动机由于比冲高,能多次启动,推力可调节和适应性强等特点,而被广泛地用于火箭的动力装置,可以作为主发动机、助推发动机、高空发动机、姿态控制发动机等等,液体火箭发动机是现代航天技术发展的重要基础。

液体火箭发动机通常由推力室、涡轮泵、燃气发生器、火药起动器、喷管、各种阀门和调节器、机架及各种装置和管路组成。推力室有两种冷却方式:再生式和辐射式,前者应用于大型发动机,内外壁材料均以不锈钢为主,后者应用于姿态控制发动机和小推力发动机,以不锈钢、高温合金、难熔金属及合金加抗氧化涂层或者碳/碳复合材料加涂层材料为主。涡轮泵是液体火箭发动机的关键部件,其中涡轮盘和叶片工作条件苛刻,早期曾采用不锈钢,后来发展演化为铁基、镍基、钴基的高温合金,如 GH1040,GH2028A,GH4169,GH4141,GH4586 等。

大型运载火箭,需要有高性能、大推力、无污染的火箭发动机,如高压补燃液氢/液氧火箭发动机,其真空比冲 442 s,是液体火箭发动机能量最高的,另一种是高压补燃液氧/煤油火箭发动机,其比冲为 265 s。这两种火箭发动机的推进剂无腐蚀,无污染,沸点很低,液氢-253 ℃,液氧-183 ℃,对超低温结构材料、密封材料等的设计选材和材料应用均有苛刻的要求。使用这种先进的发动机可提高运载能力,无污染,降低发射成本。

6.4.2 固体火箭发动机材料

与液体火箭发动机相比,固体火箭发动机的优点是结构简单,使用操作方便,不需要贮箱、阀门、泵、管路等复杂装置,固体推进剂装药成型后,可以放在发动机壳体中长期贮存,随时处于待命状态,只需要简单的操作即可发射;缺点是发动机的比冲性能比较低。固体火箭发动机通常由固体推进剂药柱、燃烧室绝热壳体、喷管和点火装置四个主要部件构成,其中起主导作用的是前三个部件,当代高性能固体火箭发动机的主要特征是"高能-轻质-可控",三者互相关联,而且是以材料和工艺技术为基础集成起来。例如提高发动机的质量比需要采用先进的复合材料;提高发动机的能量则需要采用高能量的推进剂,同时还要求增大工作压力,这就要求燃烧室承压能力提高,而且要求喷管使用更耐烧蚀的复合材料或者石墨材料;实现发动机向量控制和推力终止,也需要选用先进的复合材料和先进的工艺方法。由此不难看出,先进的材料及新工艺的全面应用是提高固体火箭发动机性能的一项决定性因素。

1. 固体火箭发动机壳体材料

固体火箭发动机壳体既是推进剂贮箱又是燃烧室,同时还是火箭或导弹的弹体,因此,在进行发动机壳体材料设计时,应考虑以下几个基本原则。

1)固体火箭发动机壳体就其工作方式来讲,是一个内压容器,所以壳体承受内压的能力是衡量其技术水平的首要指标。

2)发动机壳体是导弹整体结构的一部分,所以又要求壳体具有适当结构刚度。

3)作为航天产品,不仅要求结构强度高,而且要求材料密度小。

4)发动机点火工作时,壳体将受到来自内部燃气的加热,而壳体结构材料,尤其是壳体结构复合材料的强度对温度的敏感性较强,所以,在设计壳体结构材料时,不能仅限于其常温力学性能,而应充分考虑其在发动机工作过程中,可能遇到的温度范围内的全面性能。

截至目前,固体火箭发动机壳体材料大体经历了四代发展过程,第一代为金属材料;第二代为玻璃纤维复合材料;第三代为有机芳纶复合材料;第四代为高强中模碳纤维复合材料。

(1)金属材料。金属材料是固体火箭发动机壳体早期使用的材料,其中主要是高强度钢、钛合金。其优点是成本低、工艺成熟、便于大批量生产,特别是后来在断裂韧性方面有了重大突破,因此即便新型复合材料发展迅速,但在质量比要求不十分苛刻的发动机上仍大量使用。从容器特性系数(容器特性系数是固体火箭发动机壳体设计的重要性能参数,容器特性系数＝PV/W,单位为 km,P 是爆破压强,V 是壳体容积,W 是壳体重量)来看,金属材料壳体的特性系数都很低,超高强度钢通常为 $5\sim8$ km,钛合金也只有 $7\sim11$ km,远不能满足先进固体发动机的要求,因此壳体复合材料化将是大势所趋。

(2)玻璃纤维复合材料。利用纤维缠绕工艺制造固体发动机壳体是近代复合材料发展史上的一个重要里程碑。这种缠绕制品除了具有复合材料共有的优点外,由于缠绕结构的方向强度比可根据结构要求而定,因此可设计成能充分发挥材料效率的结构,其各部位载荷要求的强度都与各部位材料提供的实际强度相适应,这是金属材料所做不到的。因此这种结构可获得同种材料的最高比强度,同时它还具有工艺简单、制造周期短、成本低等优点。

固体火箭发动机壳体使用的第一代复合材料是玻璃纤维复合材料。第一个成功的范例是20 世纪 60 年代初期的"北极星－A2"导弹发动机壳体,它比"北极星 A1"的合金钢壳体重量减轻了 60％以上,成本降低了 66％。然而,玻璃钢虽然具有比强度较高的优点,但它的弹性模量偏低,仅有 0.6×10^5 MPa(单向环)。这是由于复合材料中提供主要模量分数的高强度 $2^{\#}$ 玻璃纤维的弹性模量太低(0.85×10^5 MPa,只是钢的 2/5)的缘故,这一缺点引起发动机工作时变形量大,其应变一般为 1.5％,甚至更大,而传统的金属壳体的应变一般小于 0.8％。这样大的变形量会给导弹总体带来很多不利因素;为了保证壳体的结构刚度,不得不增加厚度,从而造成强度富裕,消极重量增加等。

(3)有机芳纶复合材料。为了满足高性能火箭发动机的高质量比要求(战略导弹发动机质量比要求在 0.9 以上,某些航天发动机的质量比已达到 0.94),必须选用同时具有高比强度和高比模量的先进复合材料作为壳体的第二代材料,逐步取代玻璃纤维复合材料。20 世纪 60年代,美国杜邦公司首先对芳纶纤维进行了探索性研究,1965 年获得突破性进展。其研制的"芳香族聚芳酰胺"高性能纤维(商品名为 Kevlar)于 1972 年开始了工业化生产。继美国杜邦公司开发芳纶纤维之后,苏联、荷兰、日本及中国等也相继开发了具有各自特色的一系列芳纶纤维。表 6.9 列出了几种典型的航天用芳纶纤维力学性能。

表 6.9　芳纶纤维的主要力学性能

国别	纤维名称	密度 ρ (kg·m⁻³)	拉伸强度 σ_b MPa	拉伸模量 GPa	断裂延伸率 (%)	纤维直径 μm
中国	芳纶Ⅰ	1 465	2 872	176	1.8	—
	芳纶Ⅱ	1 446	3 359	121	2.85	—
美国	Kevlar - 49	1 450	3 620	120	2.5	11.9
	Kevlar - 129	1 440	3 380	83	3.3	12
	Kevlar - 149	1 470	3 450	172~180	1.8~1.9	12
荷兰	TWARON	1 440	3 150	80	3.3	12
日本	TECHNORA	1 390	3 000	70	4.4	12
苏联	APMOC	1 450	4 116~4 905	142.2	3~3.5	14~17
	CBM	1 450	3 920~4 120	127~132	3.5~4.5	12~15

对于相同尺寸的发动机壳体，Kevlar49 与高强度 2# 玻璃纤维相比，Kevlar49 复合材料容器效率提高近 1/3，重量减轻 1/3 以上，同时，Kevlar49 与高强度 2# 玻璃纤维相比，Kevlar49 复合材料容器环向应变减少 35%，纵向应变减少 26.4%，轴向伸长减少 30.7%径向伸长减少 33.8%，其刚度大为提高。

(4)高强中模碳纤维复合材料。20 世纪 80 年代以来，碳纤维在力学性能方面取得重大突破，它的比强度、比模量跃居各先进纤维之首。固体火箭发动机壳体要求复合材料具有高的比强度、比模量和断裂应变。拉伸模量为 265~320 GPa，拉伸强度在 5 GPa 左右，断裂延伸率约为 1.7% 的高强中模碳纤维是理想的壳体增强材料，因而近年来各国都在大力开发高强中模碳纤维。表 6.10 列出了几种典型的航天用高强中模碳纤维力学性能。

表 6.10　高强中模碳纤维主要力学性能

国别	纤维名称	密度 ρ (g·cm⁻³)	拉伸强度 σ_b MPa	拉伸模量 GPa	断裂延伸率 (%)	纤维直径 μm
台湾	TC06K33	1.8	3.45	230	—	7.0
美国	T40	1.81	5.65	290	1.8	5.1
	IM7	1.77	5.3	303	1.8	5.0
日本	T300	1.75	3.53	235	1.5	7.0
	T700	1.8	4.9	230	2.1	—
	T1000	1.8	6.37	294	2.2	—

碳纤维复合材料壳体容器特性系数 PV/W 值是 Kevlar49/环氧的 1.3~1.4 倍，可使壳体重量再度减轻 30%，使发动机质量比高达 0.93 以上。另外，碳纤维复合材料还具有有机纤维/环氧所不及的其他优良性能：比模量高，热胀系数小、尺寸稳定性好，层间剪切强度及纤维强度转化率都较高，不易产生静电聚集，使用温度高、不会产生热失强，并有吸收雷达波的隐身功能。

2. 固体火箭发动机喷管材料

固体发动机喷管属于非冷却型,工作环境极其恶劣。特别是喉部的高温、高压二相流燃气的机械冲刷、化学侵蚀和热冲击十分严厉,材料选择是现代固体火箭推进的重大关键技术。早期的喷管多使用复合型结构,即以金属或高强度玻璃钢为结构材料,高熔点金属或优质石墨为耐热—吸热材料,烧蚀型增强塑料为绝热材料。其结构复杂,配合界面多,质量大,工艺周期长,也增加了不可靠性。20世纪80年代以来,发展高性能固体发动机的主攻方向由"高能"转向"轻质、可控",对降低喷管质量的要求十分迫切。性能优异的多向编织碳/碳材料的出现,从根本上解决了这个矛盾,实现了喷管技术的飞跃,表6.11列出了几种先进固体发动机喷管材料应用情况。

表 6.11　先进固体发动机喷管材料应用

发动机	喉衬		扩张段材料	延伸出口锥材料
	材料	密度 $\rho/(g \cdot cm^{-3})$		
美国惯性顶级 SRM—2	3D C/C	1.9	2D C/C	2D C/C
美国星系发动机 STAR62	4D C/C	—	3D C/C	—
美国侦察兵火箭 第三级	4D C/C	1.88	CT/P	—
西欧阿里安-5 火箭助推器	3D 细编 C/C	1.75	CT/P	—
西欧远地点发动机 MAGEⅡ	4D C/C	—	2D C/C	2D C/C
中国通信卫星 远地点发动机	整体毡 C/C	1.80	CT/P	—
法国 M4 导弹各级	4D C/C	—	CT/P	—
美国 MX 导弹各级	3D C/C	1.88～1.92	CT/P 2D C/C	2D C/C
美国侏儒 导弹各级	3D C/C	—	3D 细编 C/C	细编 C/C
苏联 SS-24 导弹第二级	CF/PG	1.96	CT/P	2D C/C 3D C/C

(1) 碳/碳复合材料。碳/碳复合材料是一种碳纤维增强碳基体复合材料,它具有一系列优异性能,特别适于固体发动机喷管应用。其抗拉强度是高强度石墨的3～8倍,模量是7～12倍;抗热震性能优良;耐烧蚀性强而均匀,且可预示性能特别好;性能可设计性突出;便于制成大型、复杂形状的产品,因而为整体式喷管创造了条件。采用碳/碳材料后大大地简化了喷管设计,喷管质量减轻30%～50%,已成为固体发动机喷管喉衬的首选材料,应用十分普遍。高性能发动机的喷管出口锥也逐渐趋向于使用碳/碳材料,可延伸锥则基本上都使用碳/碳材

料,多数是以人造丝为前驱体的 2D 碳/碳,典型的发动机是美国的"星"系列上面级,已进行了数百次实际飞行。这种编织物层间剪切强度低,与喉衬间要通过 3D 碳/碳连接件进行连接,并由 3D 碳/碳件提供所需的刚度。碳/碳复合材料发展方向将是进一步提高性能和降低成本。提高性能包括原材料改进、新型编织技术和浸渍致密化工艺的开发。近年来还提出了在碳/碳材料表层涂覆难熔碳化物 HfC,TaC,SiC,NbC 等技术。HfC 和 TaC 熔点高达 3 880 ℃和 3 890 ℃,是已知材料中最高的,涂层后可望大大降低碳/碳材料烧蚀率,实现高的可预示性,承受更高燃气温度或更长工作时间。

降低成本是碳/碳材料普及应用的一个重要因素,主要是致密工艺的改进。目前已开发的强制热梯度化学气相渗透工艺、快速致密工艺、等离子气相沉积工艺,以及使用新型高残碳率树脂前驱体等均显示了较好的效果。此外,降低成本还可以从提高工艺质量入手,美国大湖复合材料财团通过精确控制预制增强件的碳棒直径,使固体发动机碳/碳喷管编织工艺时间缩短11%,成本降低 15%～20%。

(2)烧蚀防热材料。尽管碳/碳材料日趋普及,但碳/酚醛、高硅氧/酚醛类烧蚀防热材料在固体发动机喷管中仍不乏使用,主要用在像喷管扩张段一类受热流强度稍低的部件上,美国航天飞机助推器甚至在喷管喉衬也使用碳/酚醛材料,主要根据是成本低。国外典型的碳/酚醛材料有 FM5055,MX4957A 等牌号,所用酚醛树脂多以 $Ba(OH)_2$,NH_4OH 等为催化剂合成。酚醛树脂耐烧蚀性优良,但重现性不好,烧蚀可预示性差,尽管至今尚未发现因此而导致飞行失败的案例,但这方面原因造成过度烧蚀的例子则是屡见不鲜。烧蚀异常的原因主要是酚醛热解时逸出气体过量,再加上酚醛亲水性强和缩聚时生成的水都会降低层间承载能力和树脂玻璃化温度。酚醛树脂典型的改性途径是共聚改性,包括引进氰基、硼元素、芳环有机硅,以及采用二苯醚甲醛树脂、芳烷基甲醛树脂等,都有一定作用。

聚芳基乙炔(PAA)是一种极具潜力、最有可能代替酚醛树脂作为烧蚀防热材料基体的树脂。它是一种仅含碳元素和氢元素的高度交联的芳族亚苯基聚合物,由二乙炔基苯和苯乙炔聚合而成。材料中可挥发成份质量分数仅 10%,理论成炭率高达 90%,聚合时无低分子副产物逸出,树脂吸水率极低,仅 0.1%～0.2%,而酚醛树脂可高达 5%～10%。PAA 最主要优点是玻璃化温度极高,热解峰为 800 ℃,热解产物主要是 H2,而酚醛树脂仅 500 ℃,热解气体为高分子量烃和含氧烃,可见二者差异之大。美国宇航公司用 T-300 碳纤维和 PAA 制作的复合材料试件(密度 1.46 g·cm³,PAA 质量分数 29%),室温下层间拉伸强度 5.3 MPa,400 ℃时降为 1.4 MPa;而标准碳/酚醛(FM5055)制作的试件室温层间拉伸强度仅 4.2 MPa,260 ℃时已下降到 0.3 MPa。更突出的是 PAA 材料的烧蚀重现性极为优良。

(3)陶瓷基复合材料。新型陶瓷材料具有优异的高温强度,是固体发动机碳/碳喷管和燃烧室之间的热结构绝热连接件的理想材料,还可用于喷管出口锥有关部件,各国都相当重视它的开发。但单一陶瓷材料韧性低,抗热震性差,必须以复合材料形式应用。常用的陶瓷基体是氧化物、氮化物、碳化物;增强材料可以是颗粒、晶须、纤维等,但以长纤维效果最好,如 C,Al_2O_3,SiO_2,SiC 等纤维。例如碳纤维增强的硅—锆氧化物复合材料的断裂韧度已达到

9.5 MPa,而单一陶瓷材料仅为 2.2 MPa。

　　陶瓷基复合材料研究工作的热点是纳米材料,属于当代材料科学的前沿学科。所谓纳米材料,是指至少在一维上尺寸小于 100 nm(0.1 μm)的材料,严格地说是指由粒度 5~15 nm 超细颗粒组成的固体物质。粒度超微使其晶界上的原子数超过晶粒内部的原子数,造成了细晶强化效应、高浓度晶界效应、以及纳米结构单元间的交互作用,使之具备了不同于粗晶材料的一系列奇异的力学、电学、光学、磁学、热学、化学性能。以力学性能为例,纳米金属的强度可比普通金属高 5~10 倍,硬度高 2~3 个量级;纳米陶瓷可呈现出难以置信的柔顺性,常温下弯曲 180°角,或压缩至原厚度 1/4 也不会破碎。

6.5　航天飞行器材料

6.5.1　卫星材料

　　人造地球卫星所经历的工作环境包括发射环境、轨道运行,可能还要再入大气层。在发射过程中,卫星受到很大的加速度过载和强烈的振动,因此要求结构材料具有足够的刚度,为了避免卫星和系统产生共振,要求卫星的结构具有足够的刚度实践表明,目前人造卫星仍大多数采用薄壁结构,就要求它的结构材料具有较高的弹性模量。

　　在轨道运行过程中,人造地球卫星处在高低温交变的环境中,卫星的某些分系统部件(如抛物面天线系统)尺寸的精度要求很高,因此要求它的热变形尺寸尽可能小,这就要求材料具有尽可能小的热膨胀系数;有的部件采用折叠展开式结构(如太阳电池阵基板结构),要求它具有足够的刚度,以免在轨道运行过程中对卫星的姿态控制有不利的影响。此外,卫星还要求结构材料在高真空及电子、质子、紫外辐照条件下其力学性能和物理性能等具有足够的稳定性。对于返回式人造地球卫星,当再入大气层时,处于再入加热环境,因防热必须具有防热结构,人造卫星每增加 1 kg 质量,需要发射系统增加几十倍至上百倍的质量,因此减轻人造卫星的结构质量要求,比在航空结构及运载火箭结构中显得更为重要,这就要求卫星结构材料具有低的密度。

　　综上所述,归纳起来人造地球卫星对结构材料的主要要求是比强度高,比模量高,热膨胀系数小,尺寸稳定好,经受各种空间环境条件考验后性能稳定,满足各种特殊使用条件要求。

　　卫星结构中原有的常规材料铝、镁合金性能较差,将逐渐被先进复合材料所代替。铍具有较高的弹性模量及其他优越的力学性能,在卫星结构中已有应用;但它的加工工艺性能差,成本较高,特别是环境污染问题,使它的应用范围受到一定限制。铍合金具有优越的耐热性能,在卫星结构中应用较为成熟;但它的比刚度和比强度都不及先进复合材料。

　　综上简要分析可以看出,先进复合材料的特点与卫星结构材料的性能要求是相符的,因此先进复合材料现阶段已成为卫星结构的主要材料之一。

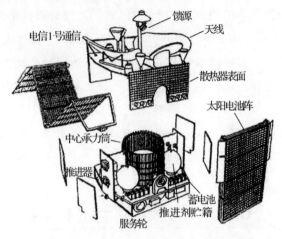

图 6.4　法国电信 1 号通信卫星

国外在卫星结构中应用先进复合材料较为广泛,据有关资料介绍按照先进复合材料在各种卫星结构应用部位、结构形式和性能要求不同,通常可分为:卫星本体结构、卫星电源分系统太阳电池阵结构、卫星通信分系统天线结构、光学遥感分系统及其他型材等 4 方面。法国电信 1 号通信卫星本体结构由蜂窝夹层结构仪器平台、中心承力筒,"T"型连接框等组成,太阳电池阵结构采用折叠展开式刚性太阳电池阵基板和连接架组成,天线结构采用抛物面强方向性天线,具有良好的微波反射特性,此外还采用许多先进复合材料连接角片和预埋连接环等用于各部件的连接,其结构形式如图 6.4 所示。

随着遥感技术的发展,在卫星结构中采用红外高精度光学仪器设备愈来愈多,为避免轨道中的温度变化,仪器上装有温度控制系统,这些高精度仪器只允许有很窄的温度变化,其结构的热稳定性远比卫星天线系统还要高。美国 NASA 的空间望远镜有一台特殊的微弱目标相机,所有的光学元件均安置在光学平台上,这个光学平台尺寸稳定性要求甚高,采用先进复合材料制成构件,再连接在一起组成整体结构,其纵向热膨胀系数为 $0.2 \times 10^{-6}/℃$,横向热膨胀系数为 $0.3 \times 10^{-6}/℃$,空间望远镜采用石墨/环氧探测圆筒壳,其长度约 3 m,直径 $\Phi 1.68$ m,用于安装望远镜的镜子组件,观察设备用 4 根石墨/环氧幅条和衬套,由于这些材料低的热膨胀系数,能保持望远镜稳定的焦距长度。

由上述红外先进复合材料应用概况可以看到,先进复合材料在国外卫星结构应用已取得很大进展,用先进复合材料取代金属材料后,可以使卫星结构质量减轻 $20\% \sim 40\%$,且已从次级承力结构件转入主承力结构件,特别是多年来国外在纤维增强材料和树脂基体材料方面进行大量开发与应用研究,并取得很大进展。如日本东丽公司推出的高模高强系列碳纤维,在保证 M 系列具有高模量前提下,使其具有高的拉伸强度,这是碳纤维增强材料今后的发展趋向。树脂基体材料当前除广泛采用环氧树脂体系外,主要有聚酰亚胺和双马来酸亚胺等。另外,由于热塑性树脂基体材料综合性能优于热固性树脂基体材料,在个别领域有着广阔的应用前景。

我国卫星结构复合材料随着卫星技术的发展,其应用部位逐步扩大,现以某型号卫星平台为基础的系列卫星其结构分系统所采用的复合材料结构约占总结构的 70 %,其主要结构有以下几项。

　　1）中心承力筒——波纹壳、蜂窝夹层结构和格栅结构。

　　2）仪器结构安装板——碳/环氧面板铝蜂窝夹层结构、铝面板铝蜂窝夹层结构。

　　3）太阳电池阵基板及连接架——碳/环氧网格面板铝蜂窝夹层结构,碳/环氧型材、混合连接接头等。

　　4）C波段抛物面天线——碳/环氧面板铝蜂窝夹层结构,碳/环氧型材、混合连接接头等。

　　5）各种支撑杆件——各种纤维增强树脂基复合材料各种型材,模压成型异形结构件等。

6.5.2　空间站材料

　　空间站是一种可供多名航天员巡访、长期工作和居住的载人航天器,又称航天站或轨道站。1970 年苏联第一个发射成功"礼炮"号空间站,到 1983 年共发射 7 个"礼炮"号空间站,它们的任务是完成天体物理学、航天医学、生物学方面的科研计划,观察地球资源和失重条件下的科学实验。

图 6.5　"和平"号航天站与"联盟"号飞船对接

　　空间站的地球轨道高度一般在 240～450 km,处于微重力、高真空和温度交变的空间环境,受到太阳射线、原子氧等侵蚀以及微流星和空间碎片的碰撞。由于空间环境要求苛刻,因而对所用材料的要求也较高。具体包括:高的比刚度和比强度、低的热膨胀系数、优良的导热性、耐火性好、放气少和原子氧反应小、抗微流星体和空间碎片的性能好、耐辐射性能好等。从 1970 年苏联发射了世界上第一个空间站"礼炮一号"开始,空间站的发展经历了三代,即从以"礼炮号""天空实验室"为代表的舱段式,发展到以"和平号"为代表的积木式构型(见图6.5),再到目前以国际空间站为代表的桁架挂舱式,它的"处女作"是美国的永久性空间站"自由号",其概念图如图 6.6 所示,它以桁架为基本结构,这种空间站的优点是具有很大的灵活性,缺点是组装和维修空间站时需要宇航员出舱工作,技术复杂,桁架展开难度很大。它是目前国际空间站(ISS)使用的结构方案,是合作各国研究的重点。下面重点介绍桁架挂舱式空间站结构及材料的研究状况。

图 6.6   自由号"永久空间站概念图

1. 桁架结构材料

作为空间站结构之一的桁架结构是由石墨/环氧空心管和金属接头组成。采用空心管状杆系组成的桁架结构可以满足大型空间结构站的总量轻、装填率高的要求。对 $\Phi5$ cm 桁架空心管的基本设计要求有：

1)尺寸稳定性：空心管的轴向膨胀系数在 $\pm0.5\times10^{-6}K^{-1}$、线膨胀系数在 $\pm0.4\times10^{-6}K^{-1}$ 范围内，以保证装配合适，且暴露于空间冷热交变时，指向精度和跟踪精度保持不变；

2）轴向刚度：对桁架结构的弯曲刚度和扭转刚度的要求决定了空心管的最大轴向载荷应为 5 327 N、纵向模量应达到 207 GPa，空心管的强度对工作载荷较低的桁架来说不是重要因素，但支架的稳定性是重要的，应该考虑。

设计要求中的轴向热膨胀系数是针对整个管结构的，其中包括端接头，也就是说管子的热膨胀系数值可以不是零，要取决于端接头使用的材料。下面将介绍两个公司机构所选用的材料及铺层方案。

（1）美国波音航空公司。波音公司所选择的三组复合材料分别为 P75/934Ep，T300Gr/934Ep 和 P75Cr/ BP907，其中 P75 石墨纤维是由 Amoco 制造的高模量沥青纤维，T300 石墨纤维是由 Amoco 制造的高强度 PAN 纤维，934 环氧树脂是由 Fiberite 制造的脆性环氧树脂，BP907 树脂是由 Amerivar Cyanimid 生产的韧性环氧树脂。波音公司采用 P75S/ 934 及高模量/ 环氧预浸料制造空心管支杆。预浸带每层厚 0.125 mm，P75S 的拉伸强度为 1.9 GPa、拉伸模量为 520 GPa、21 ℃时纵向线膨胀系数为 $-1.35\times10^{-6}K^{-1}$，P75S/934 的力学性能为纵向拉伸强度 950.7 MPa、纵向拉伸模量 290.7 GPa、纵向弯曲强度 819.8 MPa、纵向弯曲模量 223.9 GPa、纵向压缩强度 349.9 MPa、纵向压缩模量 241.8 GPa、纵向剪切强度 64.0 MPa。波音公司按自编的 INCAP 计算机程序对 $(02,\pm10,0)s$，$(02,\pm15,02)s$，$(02,\pm20,02)s$，$(02,\pm30,02)s$，$(10,0,-10,0,10,0)s$，$(20,0,-20,0,20,0)s$，$(30,0,-30,0,30,0)s$，$(\pm10,02,\pm10)sM(\pm20,02,\pm20)s$ 九种铺层方案进行了分析，最后选择 $(02,\pm20,02)s$，因为这种铺层模量至少为 276 GPa，并具有合适的压塌强度。

（2）洛克威尔公司。洛克威尔公司也采用 P75S/934 及高模量/环氧预浸料制造空心管支杆，也对几种铺层进行了分析。最初选用(±75/±156)s 铺层，因为这种铺层的线膨胀系数合适，且质量最轻，但大角度交叉铺层在热交变时对微裂纹敏感，因此最终选用(±45/ 04)s 和(±45/15/02)s 做试验。

为了使桁架管件的服役时间更长，我们还在桁架管件的表面施加保护涂层。目前常见的使用的方案有铬酸和磷酸阳极化铝箔、溅射 SiO_2/溅射铝、铝箔以及带或不带 SiO_2 涂层的电镀镍。研究表明在石墨/环氧管(Gr/Ep)上涂一层铬酸阳极化铝箔就可以防止低地球轨道的原子氧侵蚀，而且涂层和管件的粘接强度也较好。镀铝还可减少复合材料结构的温度梯度，减少由高温度梯度和极端温度所引起的 Gr/Ep 复合材料的微裂纹。波音公司使用厚 0.005 mm 的 Al100 铝膜镀层，经铬酸阳极化处理后，用 FM300 环氧胶把其胶粘到 Gr/Ep 管子上，在 177 ℃ 下一起固化，胶层厚度为 0.05～0.23 mm。经过处理后管件的轨道段极限温度范围得到很大的改善。

2. 舱段结构材料

美国自由号永久性载人空间站的密封舱，包括实验舱和居住舱，是以强度为主的结构，其圆柱段外径为 4.42 m，长度因各舱任务不同在 13.3 m 左右，在 30 年使用过程中必须绝对安全可靠。虽然采用石墨/环氧复合材料制造可明显地减轻密封舱的结构重量，但目前大型石墨/环氧复合材料构件的质量控制技术、工艺成熟程度以及断裂控制技术等均存在一定问题，因此密封舱壳体材料选用 2219－T851 铝合金，其圆柱壳采用有环向法兰加强的整体加筋蒙皮结构，蒙皮壁板用厚 51 mm 板，用数控铣床铣出加强筋网络，铣薄后蒙皮厚为 1.8 mm，再经过滚弯，然后用直流正极氩弧焊成型。密封舱壳体采用 2219－T851 铝合金焊接结构，这是因为 2219－T851 铝合金有保证结构可靠所需要的强度、抗应力腐蚀以及韧性等最佳的综合性能，裂纹倾向性很小，还可以进行补焊。密封舱外部有两层 0.305 m×3.657 m 的铝合金板作为微流星体防护罩，同时也兼作发热辐射板，$\Phi25.4$ mm 的热管装在板中间部分。

由欧空局负责的哥伦布实验舱是一个圆柱形的充压舱，内壁 $\Phi4.2$ m，外壁 $\Phi4.5$ m，长 11.38 m，舱壁为铝板夹层结构，外部有加强筋和 T 形加强环。哥伦布实验舱的双层舱壁是一种可在轨维修的夹层舱板，夹层内有绝热层，其外壁是防止微流星和空间碎片碰撞的保护系统。

日本实验舱由充压舱(PM)、暴露设施(EF)和遥控操作系统(RMS)、实验勤务舱充压段(ELM－PS)和实验勤务舱段(ELM－ES)组成。PM 是充压的圆柱形舱，$\Phi4.2$ m ，长 10.9 m。EF 要求用刚度好、重量轻以及膨胀系数小的材料制造。石墨/铝合金基复合材料和高模量石墨纤维增强的环氧树脂复合材料是较为理想的材料，特别是前者，空间稳定性好，但其缺点是制造费用高，工艺难度大。

3. 微流星防护罩结构材料

在国际空间站设计之初，规定的防护设计指标是 10 年中的非击穿概率(Possibility of No Perforation,PNP)不低于 0.90。防护屏概念最早由美国哈佛大学天体物理学家 Whipple 教授提出，称为 Whipple 屏。为对付各种类型的空间碎片/流星粒子威胁，国际空间站设计中采用了 100 多种防护屏,它们都源于三种基本的防护屏概念,即 Whipple 屏、夹层 Whipple 屏/多冲击屏和网状双缓冲屏等。

Whipple 屏是最简单的防护屏,实际上是在被防护结构(通常称为后墙)外的一定距离上放置一块防护板(也叫防护屏)。通常板的材料为铝。Whipple 屏的防护原理是来袭的撞击物(空间碎片/流星粒子)首先撞击防护屏,来袭物和部分防护屏破碎、液化甚至汽化,形成碎片云,碎片云以一定的角度扩散,最后撞击后墙。Whipple 屏概念问世以来,人们研究了半个多世纪,被证明是一种十分有效的防护技术。

夹层 Whipple 屏是 Whipple 屏的变形,在后墙与外层防护屏之间再放置若干夹层。夹层可进一步将来袭物与防护屏的碎片破碎、液化甚至汽化,减弱其对后墙的损坏。国际空间站舱体外壁将盖有散热辐射器或微流星防护罩。在有辐射器处,它本身兼作微流星防护罩,不必再盖护罩。在无辐射器处,将有防护罩。防护罩采用的夹层 Whipple 屏形式为:外层防护屏为薄铝板,后墙为舱壁,夹层板由 6 层 Nextel 和 6 层 Kevlar 构成。多冲击屏的原理与夹层 Whipple 屏相近,其外层防护屏由 3~5 层等间距的陶瓷纤维层代替,来袭物及其碎片穿越每个陶瓷纤维层时都要经历一次冲击加载,因此液化/汽化更彻底,对后墙的破坏更小。在相同的重量下,夹层 Whipple 屏和多冲击屏的防护性能大大优于 Whipple 屏。

网状双缓冲屏也是 Whipple 屏的变形。它的形式是在 Whipple 屏外层防护屏的外侧放置一个网状金属屏,在后墙与外层防护层之间放置一个陶瓷纤维防护屏。网状金属屏的作用是将来袭物破碎,甚至汽化,但不降低速度;陶瓷纤维防护屏的作用是降低碎片云速度。

4. 推进系统用压力容器材料

直至 1989 年秋,自由号空间站的推进系统一直采用氢气和氧气作为推进剂。最初使用的轻型压力容器为全金属的结构或是玻璃纤维或凯芙拉(Kevlar)缠绕在塑料或金属衬里上制成的复合材料容器,后来改用石墨纤维。石墨复合材料压力容器由两个主要结构组成,即石墨复合材料结构和金属衬里结构,包括圆筒、球底和轮箍。石墨复合材料结构是复合材料容器结构中的主要承载部分。它是由缠绕在金属衬里上的浸渍过的石墨纤维所组成的,缠好后再进行固化。石墨纤维材料可以湿绕,也可以预浸形式使用。按照设计或压力容器的几何形状要求,选用不同的缠绕模式。

圆筒形容器结构可用环形和纵向(螺旋形)复合材料进行叠绕。球形结构的缠绕应达到无方向性的要求。对于复合材料压力容器的综合功能,金属衬里的设计和制造是关键。

6.5.3 载人飞船材料

载人飞船是一种载人进入太空一次使用的小型航天飞行器,又称宇宙飞船,其结构要比一般的人造卫星的结构复杂得多,除了有类似人造卫星的结构系统,如姿态控制、无线电信息传输和电源等设施外,为了保证航天员在飞行过程中正常的工作和生活设立有专用设施,飞船的座舱里有手控装置、飞行显示仪表,以及与地面站联系的通信设备,座舱的氧气、压力、温度都要适应航天员的要求,还有食物和水供给航天员使用。图 6.7 为苏联在积累了多年经验之后,所开发出来的一种最成熟的载人航天器即"联盟"号载人飞船。

图 6.7　"联盟"号载人飞船

飞船上所用结构材料基本上类同于返回式卫星,主要是铝合金。服务舱、轨道舱和返回舱选用可焊铝合金,框用锻铝,推进舱选用高强度铝合金铆接结构。下面将主要介绍由于载人飞船运行环境的特点运用的一些材料,如返回舱防热材料,密封材料等等。

1. 返回舱防热材料

返回舱烧蚀材料不同于返回式卫星,采用了先进的低密度烧蚀材料,成型工艺方法是在玻璃钢蜂窝中填充硅橡胶烧蚀材料。返回舱返回地面时,利用反推火箭和降落伞,使航天员安全着陆。

一般来讲,对载人飞船返回舱热防护材料的要求有以下几点。① 低的密度、热导率;②烧蚀时有高的热阻塞效应;③碳层有一定强度;④工艺性好,易于制作复杂外形结构;⑤热匹配性能良好。

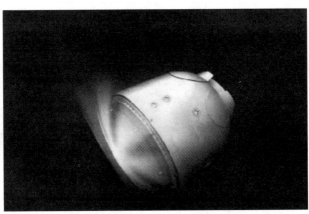

图 6.8　返回舱进入大气层模拟示意图

神舟系列载人飞船防热所用的低密度烧蚀材料为硅橡胶基材料,这种材料由基体和填料两大组分组成,如图 6.9 所示,它们的组分和剂量均进行了综合优化设计。填料包括增强纤维、酚醛空心微球及玻璃空心微球,其主要目的是降低材料密度并提高隔热性能,同时保证烧蚀材料表面的抗气流剪切能力。制成的低密度烧蚀材料预混料要填充到玻璃钢蜂窝里,后者主要用来提高烧蚀材料自身的强度和抗剪能力。

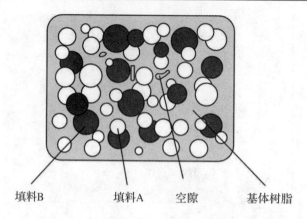

填料B   填料A   空隙   基体树脂

图 6.9 低密度烧蚀材料组成结构示意图

根据飞船返回舱的再入环境不同,最终设计和研制了两种密度的防热材料,侧壁的迎风面和大底采用密度为 $0.71\ \mathrm{g\cdot cm^{-3}}$ 的 H96 蜂窝增强低密度材料,侧壁的背风面则采用密度为 $0.54\ \mathrm{g\cdot cm^{-3}}$ 的 H88 蜂窝增强低密度材料。我国低密度烧蚀材料的成型采用了真空大面积灌注工艺。该工艺具有效率高、可靠性好等独特的优点,克服了振动大面积灌注工艺所导致的增强纤维灌注不均匀、成本较高的问题,比单孔灌注工艺的灌注效率及可靠性更高。真空大面积灌注工艺显著提高了蜂窝增强低密度烧蚀材料本身的质量和防热结构的完整性,其中灌注成功率达到 99.95% 以上,工效是美国"阿波罗"飞船所采用的单孔灌注工艺的 5 倍。图6.10为神舟飞船大底及侧壁的实物照片。

(a)

(b)

图 6.10 神舟飞船大底及侧壁实物照片

(a) 侧壁;   (b) 大底

"神九"关键部件复合材料采用了天津工业大学复合材料研究所研制的特种纺织增强材料,具有质量轻、强度高、抗烧蚀的优异性能,减轻了结构重量,显著提高了飞船的性能。"神九"返回舱穿过大气层返回地面时,表面温度将高达数千摄氏度。航天一院703所研制的特种玻璃钢和耐高温烧蚀材料,利用高分子材料在高温加热时表面部分材料融化、蒸发、升华或分解汽化,带走大量热量。

2. 舱体密封材料及其表面吸水材料

密封材料使用的外部空间环境为：高真空（ $1.3 \times 10^{-4} \sim 10^{-7}$ Pa），高、低温循环（ $-90 \sim +125$ ℃），每 90 min 左右交变一次，太阳射线辐射，带电粒子辐射，微陨石和人造轨道碎片撞击以及原子氧侵蚀等。所以一般对性能要求很高，具体主要有耐真空；耐辐照；无毒无气味；不易燃烧；耐高温和低温；耐介质腐蚀；长寿命。

目前，S42 空间密封材料作为密封材料的主要代表，其不仅能满足空间环境对结构和机构密封件的各种要求，而且达到了载人航天任务在卫生学方面的各项性能要求。材料的综合性能见表 6.12，材料成功应用于神舟系列载人飞船和天宫一号飞行器密封。

表 6.12　S42 空间密封材料的综合性能

项目	单位	性能指标
拉伸强度	MPa	$\geqslant 5.0$
扯断伸长率	%	$\geqslant 180$
撕裂强度	kN/m	$\geqslant 10.0$
脆性温度	℃	$\leqslant -90$
压缩耐寒系数(-60 ℃压缩 20%)	—	$\geqslant 0.5$
真空质损(10^{-4} Pa,125 ℃,24 h)	%	<1
可凝挥发物含量(10^{-4} Pa,125 ℃,24 h)	%	<0.1
逸出气态污染物总有机物含量	μg/g	<100
逸出气态污染物单一有机物含量	μg/g	<10
逸出一氧化碳气体的含量	μg/g	<10
气味等级	级	<1.5
4.4×10^4 rad 辐照后拉伸强度变化率	%	$\leqslant 30$
4.4×10^4 rad 辐照后扯断伸长率变化率	%	$\leqslant 30$

在采取保温、等温化措施后，载人航天器的密封舱仍存在低温面。当低温面温度低于露点温度时，水蒸气将在该表面冷凝，这些冷凝水需要被吸收和固定。否则它们的流动和飘浮，将给航天员的呼吸和航天器仪器设备带来安全隐患。因此，需要通过合理的分析和设计，在密封舱低温面布置吸水材料，把低温面（散热面）的冷凝水传输、吸收储存起来，使冷凝量与吸水量相平衡。

（1）被动冷凝除湿材料。被动冷凝除湿材料由吸水材料、传输纤维和防水胶组成。传输纤维为两层，传输纤维一端固定在冷凝面上，另一端也固定在舱壁上。与舱壁固定面附有防水胶线或点。传输纤维一端导水,另一端布有吸水材料,吸水。结构如图6.11所示。

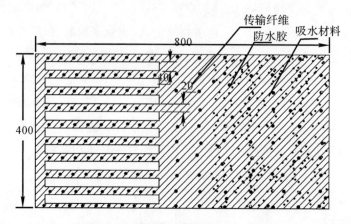

图 6.11　被动冷凝除湿材料示意图

除湿原理:水蒸气在冷凝面上凝结,附着在冷凝面上的传输纤维。传输纤维通过毛细力,传输冷凝水到吸水材料上。吸水材料吸水膨胀,凝聚冷凝水,使之不溢出。从而达到收集水的作用。

(2)吸水复合材料。吸水复合材料由高效纸制吸水材料、外层布、棉网等组成。外层布为两层,与舱壁固定面的材料采用无纺纤维(阻燃 40 g·m^{-2})。该纤维外表面附有防水胶线或点;另一面采用无纺纤维(阻燃 65 g·m^{-2})。两层中间布有吸水材料和棉网。吸湿过程是:水蒸气在低温面凝结,该复合材料吸收露水,吸水材料吸水膨胀,凝聚冷凝水,使之不溢出。从而达到收集水的作用。

3. 电源系统材料

电源系统要求太阳电池阵每翼的面积至少为 30 m² 以上。总之,低轨道运行的空间站的重要材料,有太阳电池阵的柔性材料、高可靠和长寿命的密封材、温控材料、防原子氧的防护层材料、特殊规格的铝合金材料和高强高模碳纤维复合材料等。

飞船、空间站等载人航天器的太阳电池阵一般由对称的两个或多个可展开的太阳翼组成,每个太阳翼又由多块基本相同的太阳电池基板和连接架组成。太阳电池基板为高模量碳纤维复合材料面板、边梁与铝蜂窝芯的胶合结构。通常选用具有高热导率和高比模量的碳纤维复合材料和铝蜂窝芯,这是为了减小沿厚度方向的温度梯度。电池片与基板面板之间加一层聚酰亚胺膜,作为电绝缘层。太阳电池基板局部受力点处放置预埋加强块。预埋块可由钛合金、聚酰亚胺、碳纤维复合材料等制成,最好都选用碳纤维复合材料以减小面板与预埋快热膨胀系数差异带来的热应力。

连接架将太阳电池基板与载人航天器本体连接接,连接架由主梁、分流器梁和各种连接件组成。整个连接架可采用高模量碳纤维复合材料。图 6.12 为飞船的太阳翼展开图。

图 6.12　飞船太阳翼展开图

在太阳翼中,选用大量碳纤维增强树脂复合材料,这是因为它的性能优异,具体表现在以下几方面。① 比强度、比模量高;② 热膨胀系数小;③ 抗疲劳、耐腐蚀、减震阻尼、破损安全性好;④ 材料成型和制品成型可一次完成;⑤ 材料的纤维方向可设计。

6.5.4　可重复使用航天飞行器材料

地球与空间站或航天站之间天地往返的运输系统的运载工具可以分为两大类,美国将航空技术和航天技术特点结合起来发展航天飞机,它是垂直起飞,水平降落,部分多次重复使用,飞行次数有 100 次;苏联优先发展一次性使用的载人飞船,其结构较简单,可靠性高,费效比高。他们代表着 20 世纪 70 — 80 年代发展航天运输系统的两种技术途径,当然也是由于两国当时型号设计、工业基础、科学技术能力和材料工艺水平所决定的。但是无论哪种方案(航天飞机和载人飞船),防热问题是重要的技术关键。迄今为止,世界上只有中国、美国和苏联成功地实现了载人飞船的运行,其防热系统材料与结构经受了使用考验。实验证明,航天飞机和载人飞船所采用的防热结构分开设计的思想(即冷结构外部加防热系统的思想)是正确的,所选用的防热材料代表了 20 世纪 70 年代材料发展水平,实现了 30 多次的成功飞行。后来法国航天飞机"HERMES"号、日本航天飞机"HOPE"号的防热方案都参照了美国和苏联经验,延续了他们的设计思想。表 6.13 列出了美国航天飞机热防护系统所用材料情况。

表 6.13　美国航天飞机热防护系统所用材料情况

应用部位	材　料	适用范围/℃	备　注
头锥帽,机翼前缘	抗氧化碳/碳	＞1 260	已实际应用
机身,机翼下表面	刚性陶瓷瓦	650～1 260	已实际应用
机身,机翼上表面	柔性陶瓷隔热毡	370～650	已实际应用
固体火箭助推器	MSA－1 和 MSA－2		已实际应用
外贮箱	SLA－501 和 MA－25S	低密度烧蚀材料	已实际应用

　　1988 年美国"挑战者"号固体火箭发动机的助推器密封圈失灵爆炸后,又制造了"奋进"号航天飞机投入使用,在这之前美国已有"哥伦比亚"号、"发现者"号(见图 6.13)、"挑战者"号和"亚特兰蒂斯"号投入使用,它们的防热系统方案是相同的,只是在飞行实验中局部防热材料方面作了某些改进和修补。20 世纪 80 年代后,从美国研制成功航天飞机和苏联广泛开展天地往返的太空活动中,人们认识到了航天技术的迅速发展对人类社会的巨大贡献。各国在航空工业的基础上借助新技术革命第三次浪潮的东风,竞相发展航天计划,提出了雄心勃勃的发展目标:英国提出"HOTOL"空天飞机、德国提出"SANGER"航天飞机、日本提出"HOPE"航天飞机、法国提出"HERMES"航天飞机、美国提出"NASP"空天飞机,发达国家对太空空间的争夺日趋激烈。

图 6.13　"发现者"号航天飞机图

　　这里提出的空天飞机的特点是全机采用热结构设计并达到完全重复使用的要求,水平起飞,单级入轨。以 HOTOL 为例,动力装置采用液氢空气涡轮喷气冲压/火箭复合式发动机,取名为吸气式发动机,它工作到高度 26 km 飞行速度为 5 Ma 后,转入火箭发动机工作模式,垂直上升入轨,对结构的质量和防热要求极其严格,热结构只占其结构质量的 10%。第二代航天飞机的结构设计特点是以部分热结构设计为主和冷结构＋ 热防护系统相结合,达到部分重复使用的要求,水平起飞,两级入轨。以 SANGER 为例,一级用超高音速飞机把二级飞行器(HORUS)用火箭发动机送入空间轨道,飞机返回地面。要实现这一壮举,困难很大,到 20 世纪 90 年代初各国研制空天飞机和航天飞机的热情有所下降。其主要原因是在技术上遇到了一时难以克服的困难和研制经费耗资太大,于是各国纷纷采取取消计划或缩减计划或合并计划的行动,有的变成了单项技术攻关,但在关键技术上的攻关工作并没有停止。近年来,美、日、欧洲时常公布一些有关第二代航天飞机研究工作的信息和初步性研究成果,如在结构和防热的设计上提出了一种新的设计思想,就是把空天飞机的承载的结构设计和热防护的隔热防热设计结合在一起,取名为热结构设计。这种新型设计对减轻质量,扩大选材品种,更新传统的结构框架,推广新的工艺技术等方面上都有所创新,如选用抗氧化碳/碳复合材料、钛合金和高温合金多层蜂窝壁板材料与结构等。第二代航天飞机和空天飞机热防护拟采用的防热材料见表 6.14。

表 6.14　第二代航天飞机和空天飞机热防护系统拟采用的防热材料

国　别	防热材料	拟使用部位	工作温度/(℃)	
美国 NASP 空天飞机	抗氧化碳/碳	机翼前缘面板、控制舱	1 371～1 927	实验
	碳化硅/碳化硅		816～1 371	
	快速凝固钛合金	机身	593～837	
	高温先进柔性隔热毡	机身	1 093	
	先进柔性隔热毡	机身	650	
英国 HOTOL 空天飞机	碳化硅/碳化硅	机头锥帽、舱面、机翼前缘	1 477～1 727	实验 方案
	钛合金多层壁结构	机身	927	
	碳/PEEK	贮箱结构材料		
法国 HERMES 航天飞机	抗氧化碳/碳	机头锥帽、机翼前缘	1 700	实验
	碳/碳化硅、碳化硅/碳化硅	盖板等	1 300	
	柔性陶瓷隔热毡 RSI			
德国 SANGER 航天飞机	抗氧化碳/碳	机头锥帽、机翼前缘	900～1 335	实验 方案
	碳/碳化硅	机头锥帽、机翼前缘	1 000(盖板) ≥1 300(热结构)	
	多层壁钛基、镍基合金	机身	300～1 000	
	柔性隔热毡	机身	约 500	
日本 HOPE 航天飞机	抗氧化碳/碳	头锥、机翼前缘	1 000(盖板) 1 560(头锥)	实验
	陶瓷防热瓦	机身	550～1 200	
	柔性陶瓷隔热毡 RSI	机身		

6.6　航天功能材料

　　航天系统(包括运载火箭、各种战略、战术导弹和应用卫星等航天器及各类地面和舰载设备等)用于控制、跟踪、制导、侦察、预警、探测、信号捕获、信号转换与传输、信息反馈与处理以及电子对抗等所需的功能元器件各种各样,用于制备功能元器件的功能材料品种、规格十分繁多,其中关键的功能材料集中于五大类:微电子元器件材料;光电子元器件材料;信息传输、存储、显示元器件材料;传感器敏感元件材料;隐身和智能结构材料。下面仅以控制系统、卫星的遥测、遥控和跟踪为例,说明航天功能材料在实现航天飞行器航行目标中的重要作用。

1. 控制系统

控制系统是运载火箭和导弹的重要组成部分,是指挥航天飞行器飞行的"中枢"。在运载火箭和导弹发射及飞行的过程中,控制系统的功能有三,其一是控制弹(箭)按预定轨道运行,使有效载荷精确入轨或使弹头准确命中目标;其二是对弹(箭)实行姿态控制,以保证在各种干扰条件下稳定飞行;其三是控制飞行过程中各分系统工作状态控制系统除上面提到的制导系统和姿态控制系统外,还有电源配电系统和测试发控系统(放在地面部分),电源配电系统负责完成控制仪器设备的供电配电和按飞行的"工作程序"发出时序指令,控制工作状态的变化。测试发控系统除检查控制系统的性能参数外,还对弹体、发动机的电气部分进行检查,弹(箭)的发射是通过测试发控系统完成的。以上四个系统构成一个整体,控制弹(箭)的正常飞行。

构成控制系统的硬件设备,弹(箭)上部分由测量仪表、中间装置、执行机构和电源配电装置组成,地面部分由测量和发控两部分组成。惯性制导的测量仪表主要应用惯性仪表,以测量弹(箭)体的运动参数,也可应用星光敏感器、图像匹配器等多种设备进行复合制导。中间装置的功能是根据测量的弹(箭)体运动参数进行计算和综合处理,之后发出控制指令,控制执行机构工作,通过推力矢量的变化,控制弹(箭)体的姿态和运动轨迹。执行机构系统是指舵机、摇摆发动机和姿控喷管,执行机构的执行元件是电磁阀门和电爆器件。测试发控系统是发射前人与弹(箭)对话的主要接口,通过弹(箭)地通信可以掌握设备的工作情况和各种参数,并可将飞行参数向弹(箭)上的设备装订,最后控制弹(箭)发射。

控制系统的仪器设备种类繁多,使用大量的由功能材料制成的微电子元件、器件、传感器和电子线路。弹(箭)的可靠性要求高,而飞行的环境又极端恶劣,微电子元器件的品种与质量直接关系到弹(箭)飞行的成功或失败。

2. 卫星的遥测、遥控和跟踪

卫星的无线电遥测、遥控和跟踪系统使用了众多的微电子、光电子元件器件,对保证卫星的正常运行起到至关重要的作用。无线电遥测系统是一个信息传输系统,卫星在轨道飞行时,必须把各部件的工作情况,如姿态是否符合要求、电源供给是否适当、仪器工作是否正常、星体内部温度是否合适等的测试数据,通过无线电遥测设备及时地传输给地面站,以便对卫星实施遥测遥控。

卫星在轨道上运行时,地面站往往要求它完成某些动作,如磁记录器的记录和放出,自旋稳定卫星的起旋,返回式卫星的返回动作等等,地面站也是通过无线电遥测设备来发送这些指令的。当卫星的控制系统受到各种干扰力的作用而不可能完全精确地进入预定轨道时,地面站要测出它的实际轨迹并发出修正指令,使其恢复到正常轨道,测定卫星轨道参数等工作由跟踪设备来完成。卫星和地面站之间的信息传输涉及深空远程无线通信问题,提出了不少新的理论和技术课题,如频率选择、气象影响预测和干扰防护等需要研究解决。

从上面列举的控制系统的功能和卫星与地面站的信息传输的简要说明中,可以清楚地看出微电子元件、器件和电子线路的设计对航天器的发射成败以及在轨道上是否正常运行起到了"一两拨千斤"的极端重要的作用,在航天材料中,功能材料及其元器件的研究发展亦当属于重中之重。随着航天技术的发展,对微电子、光电子等产业部门提出了新的要求,如超大规模集成电路、微型芯片、超小型星载计算机、毫米级大功率微波器件和小型多种功能精密传感器等等。

第7章　形状记忆合金及其应用

7.1　形状记忆合金概述

形状记忆合金是具有记忆形状并能自动恢复形状能力的一种新型合金材料。当把这种合金在高温加工定形后,低温时使其改变形状,然后,再加热到一定温度时,合金可以自动恢复到原高温定形的形状,合金的这种功能特性称为形状记忆效应（Shape Memory Effect,SME）。显示这种特性的金属大都是两种以上的金属元素组成的合金,称作形状记忆合金（Shape Memory Alloy,SMA）。

形状记忆合金一面世,就为航空工业立了一功。美国 F－14 战斗机的液压系统中,平均每架飞机要用 800 个形状记忆合金接头。自 1970 年以来,美国海军飞机上使用了大概几十万个这样的合金接头,而没出现过一次失效的记录。现在,科学家对形状记忆合金已有了较为清晰的认识,其已被确认为一种热驱动功能材料。人们利用其形状记忆效应,在仪器仪表、自动控制、航空航天、医疗器械、汽车工程以及机器人等领域得到了广泛应用。

7.1.1　形状记忆合金性能特点

随着科学技术如航空航天、工程建筑、生物医疗和微电机等工业的迅速发展,工程界对材料的要求变得越来越高,一些传统的材料已经不能够满足时代发展的需要,一批具有特殊功能的新材料便应运而生。这些新材料以其独特的力学和物理特性受到了广泛的关注,而形状记忆合金作为其中一种新型智能功能材料,与普通的合金材料相比,具有许多与众不同的特性,例如优异的形状记忆效应和超弹性效应（Transformation Pseudoelasticity,TP）、较高的阻尼特性、良好的力学性能、优越的耐腐蚀性和生物相容性等,因而受到了材料学界和工程界普遍的重视。

形状记忆合金具有如下性能特点:① 集传感、驱动、控制、换能于一身;② 在加热时产生的回复应力较大,可达到 500 MPa;③ 无振动噪声,无污染;④ 抗疲劳,回忆变形 500 万次不发生疲劳变形;⑤ 对环境适应能力强,不受温度以外的其他因素影响;⑥ 有确定的转变温度;⑦ 机械性质优良,能恢复的变形高达 10% 左右,而一般金属材料在 0.1% 以下。

根据不同的热力载荷条件,形状记忆合金主要呈现出两种性能,即形状记忆效应和伪弹性。除此之外,形状记忆材料还具有许多其他优异性能,例如高的回复形变,高阻尼特性,逆形状记忆特性,良好的韧性,优异的耐磨性。

1. 形状记忆效应

形状记忆效应是指发生马氏体相变的合金形变后,被加热到终了温度以上,使低温的马氏体逆变为高温母相而回复到形变前固有形状,或在随后的冷却过程中通过内部弹性能的释放又返回到马氏体形状的现象。

（1）呈现形状记忆效应的合金应具备以下 3 个条件。

1）马氏体相变只限于驱动力极小的热弹性型，即马氏体与母相之间的界面的移动是完全可逆的。

2）合金中的异类原子在母相与马氏体中必须为有序结构。

3）马氏体相变在晶体学上是完全可逆的。

（2）形状记忆效应可以分为 3 类（见图 7.1）。

1）单程记忆效应。在马氏体状态下受力变形，加热时恢复高温相形状，冷却时不恢复低温相形状。

2）双程记忆效应。加热时恢复高温形状，冷却时恢复低温形状，即通过温度升降自发地可逆地反复恢复高低温的形状。

3）全程记忆效应。加热时恢复高温相形状，冷却时变为形状相同而取向相反的高温相形状。这是一种特殊的双程记忆效应。

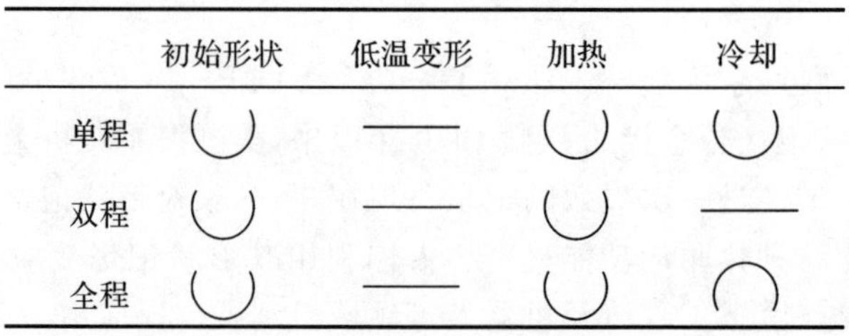

	初始形状	低温变形	加热	冷却
单程	⌣	—	⌣	⌣
双程	⌣	—	⌣	—
全程	⌣	—	⌣	⌢

图 7.1　形状记忆效应分类

从微观来看，形状记忆效应是晶体结构的固有变化规律。通常金属合金在固态时，原子按照一定规律排列起来；而形状记忆合金的原子排列规律则是随着环境条件的改变而改变。比如，当温度下降到某个临界温度以下时，原子按某一种规律进行排列，此时的结构称为马氏体相；而当温度升高到某个临界温度以上，原子的排列规律就会发生改变，原子又按另一种规律进行排列，此时又称之为奥氏体相或母相。形状恢复的推动力是由在加热温度下母相和马氏体相的自由能之差产生的。

从宏观来看，材料在高温下被处理成一定形状，再急冷下来，在低温相状态下经塑性变形为另一种形状，然后加热到高温相成为稳定状态的温度时，通过马氏体逆相变恢复到低温塑性变形前的形状。

2. 伪弹性

产生热弹性马氏体相变的形状记忆合金，在马氏体转变终了温度 A_f 温度以上诱发产生的马氏体只在应力作用下才能稳定地存在，应力一旦解除，立即产生逆相变，回到母相状态，在应力作用下产生的宏观变形也随逆相变而完全消失。其中应力与应变的关系表现出明显的非线性，这种非线性弹性和相变密切相关，叫作相变伪弹性，即超弹性（Transformation Pseudoelasticity，TP）。

超弹性和伪弹性有所不同，在应力消除后，具有超弹性的材料应变量完全恢复，而具有伪弹性的材料应变量部分恢复，残余变形可通过后续的加热进行恢复。

图 7.2 为 Cu - 38.9Zn 单晶在 $-77\ ℃$（合金的 M_s 在 $-125\ ℃$）时发生形变，至应变达 9%

时呈完全的应力诱发马氏体态,卸去应力后,应力-应变曲线上出现回线,呈现超弹性。对不同合金或对同一合金在不同温度下施加应力后,卸载后会出现不同的应变恢复情况,有的呈现伪弹性——应变部分恢复。如图 7.3 为不同材料所呈现的三种不同应力应变状况,可见具有伪弹性的材料在应力消除后,应变部分恢复,而通过后续加热后可恢复初始状态。

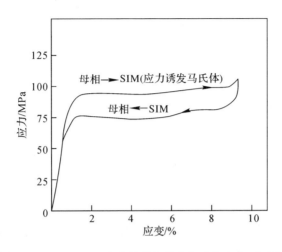

图 7.2　Cu-39.8Zn 合金单晶卸载应力后的应力-应变图

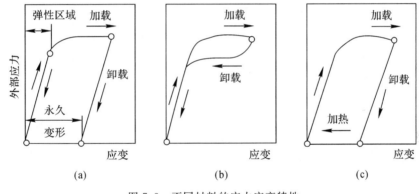

图 7.3　不同材料的应力应变特性

(a) 一般金属主; (b) 超弹性材料; (c) 形状记忆合金

3. 其他特性

(1) 高阻尼特性。形状记忆合金在低于 Ms 点的温度下进行热弹性马氏体相变,生成大量马氏体变体(结构相同、取向不同),变体间界面能和马氏体内部孪晶界面能都很低,易于迁移,能有效地衰减振动、冲击等外来机械能,因此阻尼特性特别好,可用做防振材料和消声材料。

(2) 耐磨性。在形状记忆合金中独有钛镍合金在高温相(CsCl 形体心立方结构)状态下同时具有极好的耐腐蚀性和耐磨性。可用作在化工介质中接触滑动部位的机械密封材料,原子能反应堆中用做冷却水泵机械密封件,冷却水净化系统可以长期不检修。

(3) 逆形状记忆特性。将 Cu-Zn-Al 记忆合金在 M_s 点上下的很小的温度范围内进行大应变量变形,然后加热到高于 A_f 点的温度时形状不完全恢复,但再加热到高于 200 ℃ 的温度时却逆向地恢复到变形后的形状,称为逆形状记忆特性。

7.1.2 形状记忆合金的分类

近年来,世界各国研究人员正在开发的记忆功能材料主要有形状记忆、温度记忆以及色彩记忆等多种,其中以形状记忆合金材料发展最为迅速。呈现形状记忆效应的合金,其基本合金系就有 10 种以上,而目前得到实际应用的形状记忆合金主要有镍–钛系、铜系和铁系或(不锈钢系)3 大类,如图 7.4 所示。

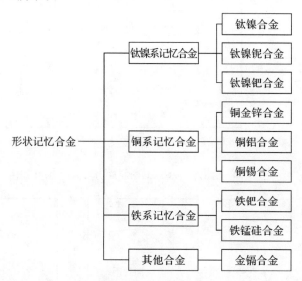

图 7.4 形状记忆合金分类

1. 钛镍系形状记忆合金

钛镍合金是目前形状记忆合金中研究最为全面且性能最好的合金材料。其强度高、塑性大、耐蚀性好、稳定性好,具有优异的生物相容性,在医学上的应用是其他形状记忆合金所不能替代的。

这类合金的形状记忆行为有单向和双向两种,其呈现记忆行为的温度范围可借助合金的改良而加大或缩小。近年来,许多国家正致力于开发一系列改良型钛镍合金,通过添加其他元素进一步改善其性能,并降低其成本。如添加铜或钒、铝、铬、锆和微量钙可大大改善其韧性、加工性和切削性;又如,在钛–镍–铜系合金中添加稀土元素和硼、硅、磷、硫等元素,可获得恢复特性显著提高的形状记忆合金。日本住友电气工业公司在钛镍合金中添加铜(或铝、锆、钒、钴、铁)元素后,经表面处理后拉丝,即可制得色彩漂亮的形状记忆合金丝,以满足对其装饰性的要求。日本坎托克公司研制的一种钛–镍合金丝直径只有头发丝的一半,具有良好的复合性和可编织性(见图 7.5)。同时,这种合金富有弹性,对热又十分敏感,因此在汽车阀门、热水器、水量调节阀和小型电热调节器等方面得到广泛应用。

图 7.5　钛镍记忆合金呼吸道支架

2. 铜系形状记忆合金

铜系形状记忆合金比钛镍记忆合金更便宜且容易加工成型，因此颇具发展潜力。但铜系形状记忆合金的强度不如钛镍记忆合金，反复受热的形状记忆能力也衰减较快。

为了提高铜系记忆合金的机械性能，可添加微量的钛、锰和锆。铜系形状记忆合金中性能最好、应用最广的是铜–锌–铝合金。铜–锌–铝合金的导热率高且对温度变化敏感，可用于制作热敏元件。美国和日本等国将铜–锌–铝合金应用在温室和育苗室等天窗自控开闭器上，以自动调节室温。但铜–锌–铝合金的电阻率比镍–钛合金小，因此不宜用于通电升温场合。通过在铜–锌–铝合金中添加铁或硅等元素，可提高其耐腐蚀性能。日本东京一家公司开发成功一种具有色彩记忆效应的铜–镍–铝合金，该合金在温度变化时会产生红色、金黄色转变，因此可广泛应用于制作工艺美术品、装饰品、玩具及家电用品等。

在铜基高温形状记忆合金方面也有进展。研制出的具有高强度、高塑性，同时又有较好单向形状记忆效应的 Cu–Al–Mn–Zn–Zr 合金的 As 点达到 300 ℃。Zr 的加入使合金的组织得到细化，提高了强度和塑性。合金的强度达 250 MPa 以上，塑性达 7% 以上。

表 7.1 列出了呈现完全记忆效应的铜基形状记忆合金的种类和它们的物理性能。在这些合金中作为实用材料正在研制的有 Cu–Al 基三元合金和 Cu–Zn 基三元合金。为了制造细晶材料，研制添加第四种的合金，其基本特性和三元合金基本相同。

表 7.1　呈现完全形状记忆效应的铜基形状记忆合金的种类和性能

合　金	成　分		M_s /（℃）	温度滞后 /（℃）	弹性各向异性因子	母相的晶体结构
Cu–Al–Ni	$w(Al)=14\%\sim14.5\%$		$-140\sim100$	约 35	约 13	DO3
	$w(Ni)=31\%\sim4.5\%$					
Cu–Al–Be	$w(Al)=9\%\sim12\%$		$-30\sim40$	约 6	—	—
	$w(Be)=0.6\%\sim1.0\%$					
Cu–Au–Zn	$w(Au)=23\%\sim28\%$		$-190\sim40$	约 6	约 19	Hwusler
	$w(Zn)=45\%\sim47\%$					

续表

合　金	成　分	$\dfrac{M_s}{(℃)}$	温度滞后 (℃)	弹性各向 异性因子	母相的晶体 结构
Cu－Sn	$w(\text{Sn})=15\%$	$-120\sim30$	—	约 8	DO3
Cu－Zn	$w(\text{Zn})=38.5\%\sim41.5\%$	$-180\sim-10$	约 10	约 9	B2
Cu－Zn－w (X＝Si,Sn,Al)	$x(\text{X})=n\%$	$-180\sim100$	约 10	约 15	B2
Cu－Zn－w (Y＝Ga,Al)	$x(\text{Y})=n\%$	$-180\sim100$	约 10	约 15	DO3

注：M_s——母相向马氏体转变的开始温度。

3. 铁系形状记忆合金

钛镍基合金虽然有优良的形状记忆效应,但价格较贵,加工困难。铜基合金价格低但性能却不稳定,因而铁基合金以其价格低廉、强度高、加工方便等特点引起工业界的重视。已经开发的铁系形状记忆合金有铁-锰合金、铁-铂合金以及不锈钢系形状记忆合金等。通过在锰合金中添加硅,可获得具有良好形状记忆效应的铁-锰-硅合金。从实用的角度来说,Fe－Mn－Si 系形状记忆合金最具有应用前景。

一般情况下,Fe－Mn－Si 基记忆合金的最大回复应变量为 2%,超过此应变量将会产生不可回复的应变。显然,低的回复应变量是制约铁基记忆合金工程应用的难点之一,为提高材料的回复应变量,热机械处理或训练(Training,使材料经历一定变形,在高于 A_f 温度加热后再冷却到 M_s 以上,如此反复多次)工艺的研究目前受到关注。它可以显著降低诱发马氏体相变的应力,抑制滑移变形,提高回复应变量。天津大学研制开发的 Fe－Mn－Si 系形状记忆合金,经多次训练后,记忆并未衰减,反而在一定的训练次数内,有上升的趋势,然后逐渐趋于稳定。另一方面,Fe－Mn－Si 合金的强度虽高,但耐腐蚀性较差,而在这种合金中添加铬,则可大大提高耐腐蚀性。铁系形状记忆合金目前已在制作管接头、铆钉之类连接件以及夹具等方面获得广泛应用,不仅便于人们安装和操作,而且安全可靠,是很有发展前途的功能材料。

日本新开发的不锈钢系形状记忆合金,不仅形状恢复特性和耐蚀性优异,而且具有很好的切削加工性和耐高温氧化性。它的化学成分除了含铬、锰、硅和铁主要成分外,还含有一定量的镍或钴、铜、氮等元素。这种不锈钢系形状记忆合金可以采用传统的炼钢炉熔炼,并且可以利用普通方法制成成品,应用范围很广。

表 7.2　铁基形状记忆合金的组分和结构性能

合　金	组　分	结构变化	温度 滞后	有序化	马氏体 形貌	相变 特征	形状记忆 回复率/(%)	$\dfrac{M_s}{\text{K}}$[2]
Fe－Pt	25%Pt[1]	LI2 -有序 BCT	小	有序	薄片	热弹性	40~80	280
Fe－Pd	30%Pd[1]	FCC－FCT	小	有序	薄片	热弹性	40~80	180~300

续表

合　金	组　分	结构变化	温度滞后	有序化	马氏体形貌	相变特征	形状记忆回复率/(%)	$\frac{M_s}{K}$③
Fe - Ni - Co - Ti	Fe - 33%Ni - 10Co - 4Ti②	FCC - BCT	小	有序	薄片	热弹性	80～100	- 150
Fe - Ni - C	Fe - 31%Ni - 0.4%C②	FCC - BCT	大	无序	薄片	非热弹性	50～85	77～150
Fe - Mn - Si	Fe - 30%Mn - 5%Si②	FCC - HCP	大	无序	薄片	非热弹性	30～100	200～390
Fe - Cr - Ni - Mn - Si - Co	Fe - 8Mn - 6Si - 5Cr②	FCC - HCP	大	无序	薄片	非热弹性	100	300
Fe - Mn - Si - Cr	Fe - 28Mn - 6Si - 5Cr②	FCC - HCP	大	无序	薄片	非热弹性	100	300

注：①原子分数；②质量分数；③K 为开尔文温度，即开氏温度，开尔文温度＝摄氏温度＋273.15。

7.1.3　形状记忆原理

在有些材料中，即使是同一材料组成的晶体中，也可能存在不同的晶体结构，这种现象称为同素异构。金刚石和石墨就是炭的同素异构体。

铁也有两种不同的基本晶体结构，即体心立方铁和面心立方铁。这种由相同的原子组成的不同的晶体结构，在材料学中又称为不同的"相"。体心立方铁和面心立方铁属不同的"相"，前者称为 α-Fe（铁素体），后者称为 γ-Fe（奥氏体）。其中，铁素体在常温下存在，而奥氏体是高温下的存在状态，它们在硬度、密度和塑性变形能力等性质上都不相同。

人们利用同一种成分的材料可以有不同的"相"，就能演出一幕幕"相"变戏，即改变外界条件如温度，使材料由一种晶体结构变成另一种晶体结构，材料的力学性能和物理或化学性能也就随之改变，当温度恢复时材料的晶体结构也恢复到原来的状态，性质也随之复原。形状记忆合金就是利用一些材料的晶体结构的相互转变来使其具有形状记忆功能的。

1. 形状记忆合金的相变机制

形状记忆合金之所以具有变形恢复能力，是因为变形过程中材料内部发生的热弹性马氏体相变。通常情况下，形状记忆合金存在两种不同晶体结构形态，即在高温下为奥氏体相（Austenite），是一种高对称的立方体结构；在低温下为马氏体相（Martensitic），是一种低对称的单斜晶体结构。马氏体相的单晶结构由 24 种不同的马氏体变体构成，根据这些变体在马氏体相中的取向不同，马氏体相又被分为孪晶马氏体（Twinned Martensitic，TM）和非孪晶马氏体（Detwinned Martensitic，DM）两种形态。形状记忆合金表现的变形特性的机理便是基于马氏体和奥氏体相这两种晶体结构之间的可逆相变。

形状记忆合金具有四个重要的相变温度,分别为马氏体相变(即奥氏体相向马氏体相方向转化)开始温度 M_s 和结束温度 M_f、奥氏体相变(即马氏体相向奥氏体相方向转化)开始温度 A_s 和 A_f。当冷却时,奥氏体相会向马氏体相转化,发生马氏体相变,并形成了多个马氏体变体,这些变体通过自协作的方式,以孪晶马氏体相存在,相变开始于温度 M_s,并在温度 M_f 结束;同样在升温过程中,马氏体相将会沿着原来的途径逆向转化为奥氏体相,相变开始于温度 A_s,并在温度 A_f 结束。

由于马氏体晶体结构的低对称性,形状记忆合金在马氏体相变的过程中,会形成 24 种不同位相的马氏体变体。这些变体在没有外力作用的情况下,其总应变能将始终趋近于零,并以自协作的方式存在,这种现象叫做"马氏体相变的自适应现象"。当受到外力的作用时,马氏体相变自适应中相互抵消的变形量便被提供出来,外力迫使马氏体变体脱离孪晶状态并沿着外力的方向形成择优取向,并以非孪晶马氏体相的形式存在,在宏观上表现为产生明显的形变。在外力卸载后,非孪晶马氏体处于稳定状态。加热至奥氏体相变结束温度以上时,不同位相的马氏体变体只是形成一种奥氏体相的最初相位,马氏体完全回复到原来奥氏体相的晶体结构,宏观的变形随之消失。

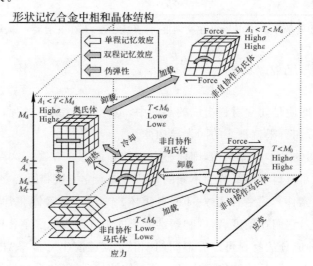

图 7.6 形状记忆合金中相和晶体结构

2. 形状记忆合金应力-温度相图

形状记忆合金的相变特性除了与温度有关,还与应力密切相关。在对形状记忆合金进行研究过程中,需要同时考虑应力和温度对相变的影响,通过绘制应力-温度相图是对形状记忆合金相变变形过程进行研究的一种行之有效的方法。图 7.7 为典型的 N-Ti 形状记忆合金的应力-温度相图。

从图中可以看出,形状记忆合金所处相变过程是由其所处的应力和温度状态共同决定的。该图同时包括了奥氏体相和马氏体相以及相变的区域,可准确描述出形状记忆合金在不同的初始状态和加载条件下发生的相变过程,在形状记忆合金的应用研究中具有重要的作用。

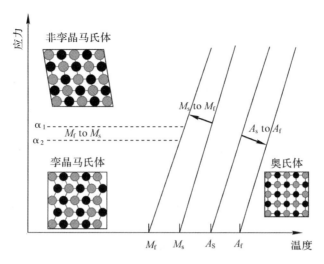

图 7.7　形状记忆合金温度-应力相位图

7.2　形状记忆合金国内外的发展状况

7.2.1　形状记忆合金国内外的发展历程

　　形状记忆合金(Shape Menory Alloy,SMA)是 20 世纪 70 年代才发展起来的新兴功能材料,它最著名的特性是具有形状记忆效应。早在 1932 年,美国的学者 A. Olander 在研究 Au-Cd 合金被冷却时,发现其晶格上有奇怪的变化。1938 年,美国的 Greningerh 和 Mooradian 在 Cu-Zn 合金中也发现了类似的形状记忆效应,即马氏体随温度的升高和降低而逐渐增大和减少,且有正逆转变的热滞后。1948 年,苏联的 Kurdjumov 对这种行为进行了研究,发表了著名的论文"马氏体相变",其提出马氏体相变也是形状长大型的相变,预测到凡具有可逆相变的合金中都会出现热弹性马氏体相变。1951 年美国的 Burkart 和 Read 在研究 Ni-Ti 合金时也观察到形状记忆效应,但这些都未引起人们的重视。直到 1962 年,美国海军军械研究所的 Buechler 发现了 Ni-Ti 合金中的形状记忆效应,才开创了"形状记忆"的实用阶段。在 20 世纪 80 年代初,科研工作者们终于突破了 Ti-Ni 合金研究中的难点。从那以后,形状记忆合金开始广泛应用在生产、生活的各个领域。形状记忆合金在应用开发中申请的专利也逾万件,在市场中付诸实际应用的例子已有上百种。同时,智能机构研究的兴起,又将 SMA 的应用推向更广泛的领域。从 SMA 的发现至今已有四十余年的历史了,发达国家对 SMA 的研究和应用开发已经比较成熟,同时也比较早地实现了 SMA 的产业化。

　　我国从 1976 年以后才开始 SMA 的研究工作,起步比较晚,但起点较高。在材料冶金学方面,特别是实用形状记忆合金的炼制水平,早已得到国际学术界的公认,在应用开发上也有独到的成果。但在形状记忆合金的基础理论和材料科学方面的研究,由于研究条件的限制,距国际先进水平尚有一定的差距,但近年来,形状记忆合金随着我国科学技术的迅速发展而逐渐崭露头角。"十三五"规划纲要草案中提及未来五年中国计划实施 100 个重大工程及项目，其中形状记忆合金赫然在列。

7.2.2　形状记忆合金的发展趋势及存在问题

记忆合金作为一种随着科学技术的不断发展而应运而生的新型材料，它具有超强的智能性和高度的优越性。有着可以制作"性能优越化、高度自动化、以及耐磨可形变的各种性能可靠元器件"的绝佳优势。科技水平的不断上升，使得各行各业对智能材料的需求量也不断地提升，形状记忆合金有着广阔的发展前景。但在 SMA 的研究和应用中，目前尚存在许多有待解决的问题。

（1）由于 SMA 的各种功能均依赖于马氏体相变，需要不断对其加热、冷却及加载、卸载，且材料变化具有迟滞性，因此 SMA 只适用于低频（10 Hz 以下）窄带振动中，这就大大限制了材料的应用。

（2）SMA 自身存在损伤和裂纹等缺陷，如何克服这些缺陷，改善材料性能是当前迫切需要解决的问题。

（3）现有的 SMA 机构模型在实际工程应用中都还存在一些缺陷，如何克服这些缺点，从而精确地模拟出 SMA 的材料行为也是一个需要研究的重要课题。

（4）在医学应用方面，还需继续研究 SMA 的生物相容性和细胞毒性。

（5）SMA 作为一种新型功能材料，其加工和制备工艺较难控制，此外材料成本也相当昂贵。

（6）为了提高应用水平，SMA 元器件还需要进一步微型化，提高反应速度和控制精度，在这方面仍有许多工作要做。

SMA 研究今后的发展方向和趋势可归纳为以下几方面。

（1）充分发掘、改进和完善现有 SMA 的性能；

（2）研究开发新的具有形状记忆效应的合金材料；

（3）SMA 薄膜的研究与应用；

（4）SMA 智能复合材料的研究与开发；

（5）高温 SMA 的开发。

7.3　形状记忆合金的主要应用

在理论研究不断深入的同时，形状记忆合金的应用研究也取得了长足的进步，其应用范围涉及机械、电子、宇航、能源、医疗和日常生活等许多领域。其中，美国以在航空航天上的应用为代表，日本以日用产品为代表，而中国以医疗器械为代表。

7.3.1 SMA 在航空航天领域中的应用

形状记忆合金具有高能量密度,在航空航天器中的大量使用不会引起重量的显著增加和空间的过度占用,因而倍受航空航天工业的广泛关注,在航空航天器的一些结构中具有良好的应用前景。图 7.8 所示为形状记忆合金在飞机上的应用部位。

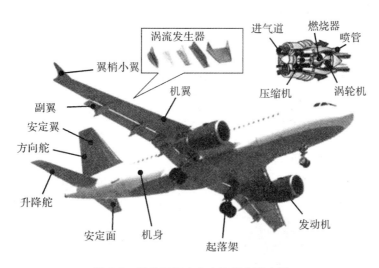

图 7.8 形状记忆合金在飞机上的应用

1. SMA 在机翼结构中的应用

传统的固定翼飞行器设计是针对特定的飞行任务,每种任务的飞行器有固定的机翼形状,而对于其他任务的要求则无法满足。变体机翼则综合了不同飞行条件下的翼型,通过飞行过程中翼型的变化改变气动性能来完成不同的任务,从而提高飞行性能和任务执行效率,且在减重、降噪、降低能耗方面具有一定的优势。通常认为变体机翼应具有大功率能量密度的均布驱动力、机械化结构、柔性蒙皮及新的控制系统。在变体机翼发展新形势下,传统的结构材料已无法满足变体机翼的发展需求,而智能材料的优势则得到体现。形状记忆合金(SMA)作为一种新型智能材料,以其独特的形状记忆效应、超弹性效应以及大的回复力和回复应变引起了科研工作者的重视。

翼型曲面改变的变体机翼主要是通过改变上下蒙皮的弧高实现机翼曲面的改变。通过翼型曲面的变化可以改变零升迎角、翼型效率及气流分离等,从而提高飞行器的性能。美国德克萨斯大学的 Strelec J. K 等提出用 SMA 丝驱动机翼蒙皮的设计理念,避免复杂的机械机构,简化驱动单元,该机翼结构包括翼梁、肋及蒙皮。该设计过程主要是优化 SMA 丝在机翼中的分布位置,其原理如图 7.9 所示。该 SMA 驱动机构采用 $\Phi 0.59$ mm 的 Ti - Ni - Cu 合金丝,通过训练获得双程记忆效应,其最大位移量为 3.5 mm。对 SMA 丝的激励方式采用电流加热,而冷却回复则通过空气对流实现,这主要是由于其马氏体相变结束温度(39.3 ℃),比室温高。

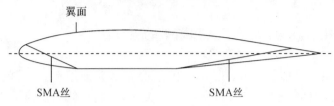

图 7.9 SMA 丝驱动的变体机翼

2. SMA 在航空发动机中的应用

形状记忆合金在航空发动机中的应用主要集中在降低民用航空发动机的噪音和实现喷口的变形等方面。在航空发动机齿状喷口结构上安装形状记忆合金薄片驱动器,如图 7.10 所示,在飞机起飞爬升的过程中利用发动机喷出的高速热流对其进行加热,使得形状记忆合金发生了相变恢复到原形状,驱动结构发生变形,使得锯齿结构伸入到高速气流中,从而达到降低发动机噪音的目的。在飞机进入到巡航的状态,发动机功率降低,其周围的气流温度下降,形状记忆合金发生逆相变过程,在锯齿状结构本身的约束力作用下又回复到初始状态。基于形状记忆合金的驱动系统被用在调整发动机喷口的变形方面,相比于传统的液压或者马达系统,具有能量密度高,重量轻等优点,同时在变形过程中不再需要滑动元件,从而使机械结构更为简单,提高了系统的可靠性。

图 7.10 航空发动机可变形齿状喷口

3. SMA 用作紧固件和连接件

美国瑞侃公司首先用 Ti - Ni 形状记忆合金制造管接头来连接 F - 14 雄猫海军战斗机上的液压系统。这些管接头的内孔直径比连接管道外径小 4% 左右。将管接头插入液氮溶液中,使它在低温下获得热弹性的马氏体组织,再扩大内孔直径,使其直径大于连接管道外径的4%。只要接头在其晶体相变温度下保持冷却,它将继续扩张。装配时只要将管接头从冷却剂中取出,把所要连接的管子插入,由于随温度升高,热弹性马氏体逆转变为母相,接头内孔自然收缩回复到原来的尺寸,从而把管子紧密而牢固地连在一起。用这方法连接管子所需要时间短,无渗漏,可以避免由焊接造成的微裂纹,也可以取消焊接或加工螺纹工序,从而装卸方便,安全可靠,如图 7.11 所示自动撑开的 Ni - Ti 记忆铆钉。美国海军已在 F - 14 战斗机上进行35 万例这种方式的连接,迄今尚未报道过有失效的事例。

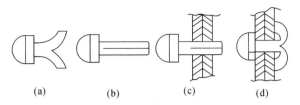

(a)　　　　　(b)　　　　　(c)　　　　(d)

图 7.11　自动撑开的 Ni - Ti 记忆铆钉

4. SMA 用作宇宙飞船天线

宇宙飞船登月之后,为了将月球上收集到的各种信息发回地球,必须在月球上架设直径为好几米的半月面天线。要把这个庞然大物直接放入宇宙飞船的船舱中几乎是不可能。但利用形状记忆合金则能使其成为可能。

早在 20 世纪 90 年代,美国航空航天局(NASA)就将 Ti - Ni 形状记忆合金制作的人造卫星天线压缩后放置在卫星内,经太阳辐射升温后,天线即可自动还原到原来的形状。具体方案是:先用镍钛合金在高温下制成半球形的月面天线(这种合金非常强硬,刚度很好),再让天线冷却到 28 ℃以下。这时,合金内部发生了结晶构造转变,变得非常柔软,所以很容易把天线折叠成小球似的一团,放进宇宙飞船的船舱里。到达月球后,宇航员把变软的天线放在月面上,借助于阳光照射或其他热源的加热使环境温度超过奥氏体相变温度,这时天线犹如一把折叠伞那样自动张开,成为原先定形的抛物状天线,迅速投入正常的工作。图 7.12 是折叠式卫星天线。

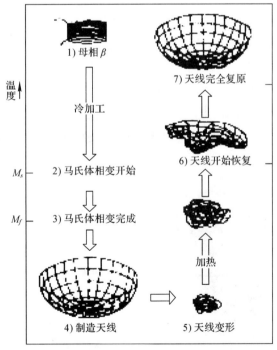

图 7.12　折叠式卫星天线

5. SMA 用作温控百叶窗

温控百叶窗与我们生活中常用来遮挡阳光的百叶窗不同,它是由天津冶金材料研究所和某工业部科研人员共同开发研制的,由镍钛记忆合金元件驱动的智能百叶窗。它不用人们去触动开关,而是依靠环境自然温度的变化来启动。只要温度降到 3 ℃,它的叶片就会自动转动 90°角,从而关闭百叶窗。而环境气温上升到 16 ℃时,叶片向相反的方向转动,从而打开百叶窗。

在宇宙飞船中有许多高级精密仪器,为了保证它们的工作性能,温度必须得到有效的控制。百叶窗是各种宇宙飞行器中有效的温度控制手段。传统百叶窗开关的驱动元件有很多种,可以用双金属的热敏元件,也可以用充满氟利昂制冷剂的波纹管或热管。在形状记忆合金出现之前,人造卫星上各种形式的温控百叶窗大多是用双金属热敏元件来驱动的。但其较为笨重,效率低。形状记忆合金的出现使这个问题得到较好的解决。这种新型合金的形状记忆功能,以及它在变形后回复原来形状时,产生的强大回复力,使它在各个领域的应用得到迅速发展。

形状记忆合金取代双金属元件,用作宇宙飞行器温控百叶窗的驱动装置,主要具有以下优点。

(1) 动作灵敏。用形状记忆合金制作的驱动元件,能随温度变化相应的转动角度。它对温度的反应更加灵敏、更加可靠,并具有良好的尺寸稳定性。

(2) 重量轻,体积小。一个形状记忆合金元件的重量大概只有双金属元件的 1/7,可以节省 85％左右的能源。此外,它的外径尺寸只有双金属元件的 72.5％,如果按长度相同来计算,它在宇宙飞行器中所占的空间,大概可以节省 1/4。

(3) 驱动力大。它在形状变化过程中产生的回复力,远远大于双金属元件产生的驱动力。所以用形状记忆合金元件驱动的百叶窗,全开时叶片的角度可以达到 90°,而用传统的双金属元件只能达到 70°角。

6. SMA 用作智能机械手

形状记忆元件具有感温和驱动双重功能,因此可制作用于航天空间探索的智能机械手。手指和手腕靠 Ni－Ti 合金螺旋弹簧的伸缩实现开闭和弯曲动作,肘和肩是靠直线状 Ni－Ti 合金丝的伸缩实现弯曲动作。各个形状记忆合金元件都由直接通上的脉宽可调电流加以控制。这种机械手的最大特点是小型化,非常适于航天的无人操作活动。其另一个重要特征是动作柔软,非常接近人手的动作,可完成许多细腻的工作,如取出鸡蛋等。图 7.13 为智能机械手。

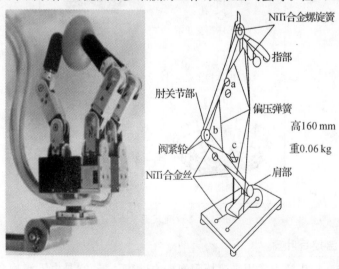

图 7.13 智能机械手

7.3.2 在生物医疗领域的应用

我国是一个具有 13 亿人口的发展中大国,经济底子薄,医疗保健服务人口基数大。利用现代高科技,加速生物医学材料制品的开发,尤其是对现有的人体医学材料进行优化处理,解除千百万患者的痛苦,降低医疗费用负担.无疑是非常有意义的工作,也是现代社会发展的要求。

Ni-Ti 合金应用于医学领域大部分是作为异物器械植入人体。作为植入体要具备两种性能,即生物相容性和生物功能性。Ni-Ti 形状记忆合金作为一种生物医用材料,不但具有优良的生物相容性、耐蚀耐磨性、高抗疲劳性,以及与人体骨头相近的弹性模量,同时还具有奇特的形状记忆特性和相变伪弹性。因此,Ni-Ti 形状记忆合金是医学领域一种理想的生物医用材料。目前已经广泛地应用在口腔科、骨科、神经外科、心血管科、胸外科、肝胆科、泌尿外科及妇科等领域(见表 7.3)。随着介入医学的发展 Ni-Ti 形状记忆合金所涉及的医学领域将更加广泛,具有更为广阔的应用前景。

表 7.3 Ni-Ti 合金的医学应用

应用领域	举 例
整形外科	脊椎侧弯症矫形器械、人工颈椎椎间关节、加压骑缝钉、人工关节、髌骨整复器、颅骨板、颅骨铆钉、接骨板、髓内钉、髓内鞘、接骨超弹性丝、关节接头等
口腔科	齿列矫正用唇弓丝、齿冠、托环、牙髓针、凿根固定器、颌骨固定、齿跟种植体、正畸用拉簧推簧等
心血管	血栓过滤器、血管扩张支架、血管成型架、封堵架、脑动脉瘤夹、血管栓塞器、人工心脏等
其他方面	前列腺扩张固定支架、气管支架、食道支架、尿道支架、节育环、结扎装置、听小骨连锁用假肢、带人工鼓膜外耳假体、人工脏器用微泵等

1. SMA 用作合金支架

随着人们生活、工作压力逐渐增大,生活水平日益提高,心血管疾病发病率及死亡率逐渐升高,相应发展起来的经皮血管腔内成型术,和经皮穿刺冠状动脉内成型术,对病人创伤小,费用低,被认为是心血管疾病治疗的里程碑。但术后的再狭窄发生率极高,严重影响疗效。若在进行的同时,植入血管内支架则可形成更大的管径,再狭窄率也大为减少。随着支架技术的不断改进及相关抗血小板治疗的加强,支架植入术的治疗优势日益显现出来,目前已成为冠心病介入治疗的主要方法。冠状动脉内支架植入术可避免球囊扩张术应用的缺点如引发冠脉严重夹层、急性完全或濒临完全血管闭塞、高再狭窄率等。此领域极具发展前景,竞争又十分激烈,对支架材料的选择和结构设计都成为这一领域的竞争焦点。将合金引入支架治疗领域则充分发挥了记忆材料的记忆效应和超弹性性能。

近十年来,合金支架在人体腔道狭窄的治疗方面得到广泛的应用。总体来说,各种支架的发展历史相似,都经历了从螺旋线圈状结构到网络状编织结构、激光切割管状结构,从裸支架到聚合物涂覆或聚合物覆膜,从形状记忆效应型到超弹性自膨胀型,从长期植入到短期植入并能回收等众多方面改进。

较早期的支架产品为螺旋线圈状结构,由合金圆丝、扁丝或细长薄片绕制而成,属形状记忆型热膨胀支架。其相变温度 A_f 在 $30\sim38$ ℃,高温定型成所需的直径后,在低温 0 ℃压缩成收缩状态,附于球囊上外加保护鞘,把它输入目标血管内,感受血液温度即发生形状恢复,撤销保护鞘起到对狭窄病变区的支撑作用。这类支架的优点在于容易取出,适合暂时性植入且密绕式结构能防止肿瘤向内生长造成再狭窄。缺点是螺旋线圈无法绕得太细,导致其输入装置的口径较大回复时径向收缩较大,各部分形状回复不同步,易导致线圈闭合不完整,打弯或扭转且柔顺性较差,操作烦琐等。

随后发展起来的支架产品为合金丝编织网格状支架。多为单丝编织而成,属自膨胀型。与合金螺旋线圈支架相比,编织网格支架富有弹性和柔顺性,易通过狭窄段能制造大管径尺寸,并保证足够的支撑强度植入时支撑物口径变小,系统操作简单,扩张率高。缺点是植入后无法阻止肿瘤生长造成腔道再狭窄,变形不均匀等。目前新型的合金血管内支架多为激光切割管状支架如图 7.14 所示。这类支架的支撑筋之间是一体的,与腔道管壁之间的接触是面接触,能够提供较高的径向强度且与其他类型支架相比,在提供相同强度的情况下,管状支架的壁厚较薄,有利于病变部位的腔道畅通还可通过花样设计实现较大的管径尺寸变化,同时轴向尺寸不发生缩短。缺点是需要专用的激光雕刻机,加工时需要专业的设计软件,技术较复杂,成本较高。

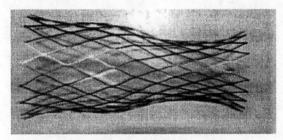

图 7.14　激光雕刻管状支架

2. SMA 应用于牙科和骨科

Ni-Ti 合金在医学领域的应用始于牙科和骨科。传统牙齿矫形用的金属有不锈钢丝和 Co-Cr 合金丝,1978 年美国 Andreasen 等人利用 Ni-Ti 加工硬化后所具有的特性开发了形状记忆合金的超弹性及医学应用研究 Nitinol 丝,用来取代不锈钢丝而获得成功。1982 年,中国、日本等国家利用 Ni-Ti 合金特点,开发出相变超弹性 Ni-Ti 合金丝,用于齿科以代替传统合金丝,这种材料在口腔正畸中的应用是正畸材料学的重大进展。

钛镍合金丝具有两种与不锈钢不同的特性,一是形状记忆特性。即在经过形状记忆处理后,当达到形状转变温度范围时即恢复到原来制作时所记忆的形状;二是超弹性特性。当对其施加一定的外力,使之形成一定的形状,当取消外力时又回到原始状态。如使用钛镍合金的超弹性功能,即使施加 10% 的变形也不会产生塑性变形,即使产生很大的变形,矫正力的增加也是很小的。因此,不会给牙齿造成损伤,并能保持适当的矫正力。在美国利用形状记忆合金的超弹性,已制成钛镍合金丝唇弓供正畸临床使用(见图 7.15),国内亦有研究并应用于临床,取得了较好的效果。钛镍形状记忆合金与不锈钢丝制作的矫正器比较具有如下优点。

(1) 缩短疗程:矫治牙齿扭转、拥挤等疗程缩短 50%~60%。

(2) 复诊次数减少:由于钛镍丝弹性好,又有记忆特性,因此矫正器不需经常调整,使复诊间隔时间延长 1～2 倍。

（3）钛镍丝力量柔和、持续，牙齿能在生理范围内以最快速移动达到矫治目的，对牙周组织无任何不良影响，且无不舒适感。

此外，由于 Ni－Ti 合金与生物体具有很好的相容性，可以在人体内做成接骨板，不仅将断骨固定，而且在恢复原形状的过程中产生压缩力，迫使断骨结合在一起。这种应用主要是利用 Ni－Ti 合金的形状记忆效应。植入前，先将植入物放置于消毒冰盐水中，然后取出，按传统处理方法处理骨折部位，处理完毕后用温水热敷植入部位，使 Ni－Ti 合金接骨板恢复原状，从而对骨折部位起到连续加压固定的作用，如图 7.16 所示。

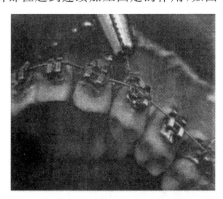
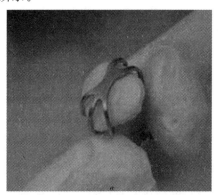

图 7.15　口腔正畸 Ni－Ti 合金丝　　　　　图 7.16　SMA 用于骨骼固定

3. 其他医学领域中的应用

（1）药物释放器。研究人员发明了可置入人体内的药物释放器 ，解决了需长期注射而给病人带来的各种痛苦与麻烦。其中药物释放器上的微型阀是用 Ni－Ti 形状记忆合金元件作驱动器的。通过加热或冷却 Ni－Ti 记忆合金元件控制微型阀的开闭。

（2）用 Ni－Ti 形状记忆合金做成的毛细管非常柔软，易弯曲，能在血管壁的导向作用下深入到人体各部位去，从而可对人体某个特定部位进行注射等治疗。此功能利用了 Ni－Ti 形状记忆合金超弹性和低弹性模量的特点。

（3）人工脏器用微型泵。需不断注入抗凝剂、中和剂等药物携带式人工肾脏系统 ，要求药物注入泵流量极其微小可靠，用 Ni－Ti 形状记忆合金制成的这种泵不仅结构简单小巧、控制方便，而且非常可靠。

7.3.3　在机械领域中的应用

机械工程是有关 SMA 研究和应用中较为活跃的重要工程领域之一。SMA 用于机械结构主被动控制的基础主要是 SMA 的形状记忆效应、伪弹效应和电阻特性。这些特性使 SMA 既具有感知、驱动的双重功效，又具有阻尼功能，因而 SMA 在机械工程中常用作力敏、热敏驱动元件和阻尼元件。而且 SMA 基本都作为体材料如丝、板、棒等被使用。有关 SMA 体材料自身特性的研究，自 SMA 问世以来这方面的研究就没有停止过。

1. SMA 在机器人上的应用

利用形状记忆合金弹簧与其合金丝可装配成小型机器人，控制合金的收缩可操纵机器人手指的张开、闭合以及屈伸等动作,如图 7.17 所示。合金元件靠直接通入脉冲变频电流控制机器人的位置、动作及动作速度。因形状回复力受控于电流大小,故动作起来很像生物体的肌肉动作。

图 7.17　拥有形状记忆合金四肢的机器蝙蝠

2. SMA 在汽车上的应用

　　汽车运行的舒适性、稳定性与安全性是评价汽车性能的一项重要指标,是汽车产业竞争的一个极其重要的方面。传统的设计与开发方法在解决这些问题时,往往都会使问题向矛盾的另一方面发展。如通过使用较大阻尼的材料、利用隔声隔振技术,甚至重新进行结构设计来减振降噪,以便提高舒适性,但结果往往与汽车轻量化的目标相矛盾。而形状记忆合金的出现,为解决这些问题提供了新的途径。

　　另外,形状记忆合金具有温度传感器的功能,同时其外形恢复时做功,又有执行元件的功能,因此应用于温度传感器及执行元件上,其自动控制非常灵敏。形状记忆合金使用最多的是制动器。目前,在汽车工业上使用的形状记忆制动器已达一百多种,主要用于控制引擎、传送、悬吊等,以提高安全性、可靠性及舒适性。形状记忆合金在汽车手动传动系统的防噪装置以及发动机燃料气体控制装置上也得到应用,如图 7.18 所示。

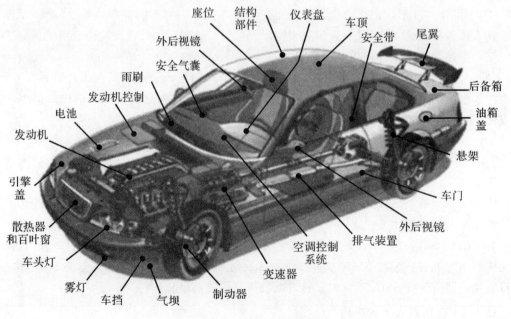

图 7.18　SMA 在汽车上的应用

7.3.4　在日常生活中的应用

在我国,形状记忆合金的日常生活应用主要集中在眼镜框架、移动电话天线、文胸支架等方面。目前,该方面的用量占我国形状记忆合金丝材销售量的很大比例。与传统的眼镜框架相比,超弹性 Ni‑Ti 合金眼镜框架具有夹持力小、重量轻、耐腐蚀,生物相容性好、保形好等优点。在眼镜框架用丝方面中国的丝材质量过关,供货及时,价格优惠。制成的超弹性眼镜框架已批量进入国际市场。使用超弹性 Ni‑Ti 合金丝制作移动电话天线是形状记忆合金的另一个重要应用。过去使用不锈钢天线,由于弯曲常常出现损坏问题。使用 Ni‑Ti 合金丝制作的移动电话天线具有高抗破坏性,受到人们的普遍欢迎。

目前,制作文胸支架的形状记忆合金有两种,一种是 Ni‑Ti 记忆合金,另一种是铜基记忆合金。相比较而言,尽管铜基合金价格低,但由于 Ni‑Ti 合金的记忆效应和超弹性优异,且近年来成本大幅度降低,用 Ni‑Ti 合金来制作文胸支架成为主流。

1. 眼镜框架

在眼镜框架的鼻梁和耳部装配 Ni‑Ti 合金可使人感到舒适并抗磨损,由于 Ni‑Ti 合金所具有的柔韧性已使它们广泛用于改变眼镜时尚界。用 Ni‑Ti 合金丝做眼镜框架,当镜片热膨胀,记忆合金丝靠超弹性的恒定力夹牢镜片。此外,因为记忆合金镜架弹性好,在 180°弯曲不变形,遇外力扭转可自动恢复,而且佩戴起来很服贴,所以在眼镜行业也被广泛使用。如亿超 302 记忆合金无框眼镜。此外,记忆材料可塑性强,轻盈柔软,而且不易损坏,持久耐用,可任意弯曲,不易变形符合高贵优雅的气质。另外可调整性强,能更好地贴合脸型大小,而且无框镜架舒适轻巧,质感强烈,提升品质感,所以受到很多人的喜爱,如图 7.19 所示。

图 7.19　亿超 302 记忆合金无框眼镜

图 7.20　热水淋浴器

2. 防烫伤阀门

家庭生活中,如图 7.20 所示,在淋浴时,如果热水源温度突然升高,可能会发生烫伤事故。利用形状记忆合金的形状记忆效应制作阀门,可用来防止洗涤槽、浴盆和浴室的热水意外烫伤;这些阀门也可用于旅馆和其他适宜的地方。如果水龙头流出的水温达到可能烫伤人的温度(大约 48 ℃)时,形状记忆合金驱动阀门关闭,直到水温降到安全温度,阀门才重新打开。

热水控温阀使用具有双程形状记忆效应的 Cu‑Zn‑Al 合金,做成螺旋弹簧元件,与阀芯固连,根据具体用途设定动作温度。随着水温的上升和下降,形状记忆合金螺旋弹簧在阀体内作往复运动。在高温相时,弹簧伸长,根据机械结构的不同,可以实现关闭水路,阻止高温水流出的作用,也可以实现打开水路,把高温水送入储存箱的作用。当水温冷却到低温时,又可以实现将阀门打开或关闭。

3. 移动电话天线和火灾检查阀门

使用超弹性 Ni-Ti 金属丝做蜂窝状电话天线是形状记忆合金的另一个应用。过去使用不锈钢天线,由于弯曲常常出现损坏问题。使用 Ni-Ti 形状记忆合金丝移动电话天线,具有高抗破坏性受到人们普遍欢迎。因此常用来制作蜂窝状电话天线和火灾检查阀门。火灾中,当局部地方升温时阀门会自动关闭,防止了危险气体进入。这种特殊结构设计的优点是,它具有检查阀门的操作,然后又能复位到安全状态;这种火灾检查阀门在半导体制造业中得到使用,在半导体制造的扩散过程中使用了有毒的气体;这种火灾检查阀也可在化学和石油工厂应用。

4. 其他生活领域中的应用

(1)记忆衣服。用记忆合金丝混合羊毛织成衣服,当人运动后体温上升,衣服就会根据人的体温自动地调整,从而使衣服变得宽松,使人感觉更舒适。

(2)记忆车钉。用形状记忆合金制成的钉子安装在汽车外胎上,当气温降低、公路结冰时,钉子会"自动"从外胎里伸出来。起到防止车轮打滑的作用。

(3)记忆照明灯罩。用形状记忆合金制造的城市照明灯,有两瓣随着灯的明灭而逐渐张开和闭合的金属叶片。白天,路灯熄灭,叶片闭合;傍晚,路灯亮起灯泡发热,从而叶片受热而逐渐张开,使灯泡显露出来。

附录　术语与符号

1. 术语

ACM	Advanced Composites Material,先进复合材料
AFP	Automated Fiber Placement,自动铺丝技术
APS	Air Plasma Spray,大气等离子喷涂
ATL	Automated Tape Laying,自动铺带技术
CAI	Compression After Impact,冲击后压缩强度
CFCC	Continuous Fibred－Reinforced Ceramic Composite Continuous,连续纤维增强(韧)陶瓷基复合材料
CMC	Ceramic Matrix Composites,陶瓷基体复合材料
CRTM	Compressing Resin Transfer Molding,压缩 RTM
CVD	Chemical Vapor Deposition,化学气相沉积工艺
DW	Detwinned Martensitic,非孪晶马氏体
EB－PVD	Electron Beam－Physical Vapor Deposition,电子束物理气相沉积
FSW	Friction Stir Welding,搅拌摩擦焊
HRS	High Rate Solidification,高速凝固法
IM	Ingot Metallurgy,铸锭冶金法
ISO	International Organization for Standardization ,国际标准化组织
LBW	Laser Beam Welding,激光焊接
LCM	Liquid Composite Molding,液态复合成型
LMC	Liquid Metal Cooling,液态金属冷却法
LPPS	Low Pressure Plasma Spray,低压等离子喷涂
LTM	Low Temperature Molding,低温低压固化
MMC	Metallic Matrix Composites,金属基体复合材料
MTOW	Maximum Take Off Weight,最大起飞质量
PM	Powder Metallurgy,粉末冶金法
PMC	Polymer Matrix Composites,聚合物基体复合材料,
PNP	Possibility of No Perforation,非击穿概率
RFI	Resin Film Infusion,树脂膜熔浸
RMC	Resin Matrix Composite,树脂基复合材料
RTM	Resin Transfer Molding,树脂传递模塑成型
SMA	Shape Memory Alloy,形状记忆合金
SME	Shape Memory Effect,形状记忆效应
TBCs	Thermal Barrier Coatings,热障涂层
TIG	Tungsten Inert Gas Welding,非熔化极惰性气体钨极保护焊

TMCs	Titanium Matrix Composites,钛基复合材料
TP	Transformation Pseudoelasticity,超弹性
TW	Twinned Martensitic,孪晶马氏体
VARI	Vacuum Assisted Resin Infusion,真空辅助树脂渗透 RTM
VARTM	Vacuum Assisted Resin Transfer Molding,真空辅助 RTM

2. 符号

R_m	抗拉强度
HBW	布氏硬度
σ_b	抗拉强度,旧国标
da/dN	裂纹扩展速率
K_{IC}	断裂韧性
$\sigma_{0.2}$	屈服强度
δ	延伸率
w_t	质量分数
E	弹性模量
ψ	断面收缩率
σ_{-1}	高周疲劳强度
σ_τ	疲劳强度
α_k	冲击强度
Φ	直径
ρ	密度
Ma	马赫数
P	爆破压强
V	壳体容积
W	壳体重量
M_s	马氏体转变的起始温度
M_f	马氏体转变的终止温度
A_s	奥氏体转变的起始温度
A_f	奥氏体转变的终止温度

参 考 文 献

[1] 何东晓. 先进复合材料在航空航天的应用综述[J]. 高科技纤维与应用, 2006, 31
(2):9-11.

[2] 洪桂香. 复合材料产业展望[J]. 化学工业, 2014, 32(12):7-12.

[3] 肖长发. 纤维复合材料及其应用[J]. 现代化工, 1995, 23(6):9-13.

[4] 吴艳. 复合材料结构的实用优化设计技术及应用研究[D]. 西安:西北工业大学, 2003.

[5] 宋育. 飞机复合材料无损检测敲击技术的研究和应用[D]. 南京:南京航空航天大
学, 2009.

[6] 李桂东. 复合材料构件热压罐成型工装设计关键技术研究[D]. 南京:南京航空航天大
学, 2010.

[7] 唐见茂. 航空航天复合材料发展现状及前景[J]. 航天器环境工程, 2013(4):352-359.

[8] 周国帅. 铁磁形状记忆合金 $Ni_{51}Mn_{27}Ga_{22}$ 和 $Ni_{45}Co-5Mn_{36.6}In_{13.4}$ 及其复合材料组织和
性能的研究[D]. 沈阳:东北大学, 2009.

[9] 蔡浩鹏, 王俊鹏, 赵锡鑫, 等. 复合材料缠绕管弯曲载荷下的力学性能[J]. 玻璃钢/复
合材料, 2013(8):31-34.

[10] 王天成, 葛云浩, 沃西源. 先进复合材料成型工艺过程中的质量控制[J]. 航天制造技
术, 2011(1):42-45.

[11] 葛瑞钧. 波纹型柔性蒙皮基体基本特性研究及其驱动初探[D]. 南京:南京航空航天大
学, 2009.

[12] 益小苏, 张明, 安学峰, 等. 先进航空树脂基复合材料研究与应用进展[J]. 工程塑料应
用, 2009, 37(10):72-76.

[13] 沈军, 谢怀勤. 先进复合材料在航空航天领域的研发与应用[J]. 材料科学与工艺,
2008, 16(5):737-740.

[14] M'Saoubi. High performance cutting of advanced aerospace alloys and composite
materials[J]. CIRP Annals-Manufacturing Technology, 2015, 64(2):557-580.

[15] 赵稼祥. 民用航空和先进复合材料[J]. 高科技纤维与应用, 2007, 32(2):6-10.

[16] 杜善义. 先进复合材料与航空航天[J]. 复合材料学报, 2007, 24(1):1-12.

[17] 汪萍. 复合材料在大型民用飞机中的应用[J]. 材料与结构, 2008(3):11-15.

[18] 李涛, 陈蔚, 成理, 等. 碳纤维复合材料低成本多用途发展展望[J]. 科技资讯, 2009
(22):68-69.

[19] 严小雄, 王金龙, 李小兰. 改性聚酰亚胺树脂基复合材料的研究[J]. 纤维复合材料,
2003(4):6-7.

[20] 陈祥宝, 张宝艳, 李斌太. 低温固化高性能复合材料技术[J]. 材料工程, 2011, 32
(1):1-6.

[21] 肖军, 李勇, 文立伟, 等. 树脂基复合材料自动铺放技术进展[J]. 中国材料进展,
2009, 28(6):28-32.

[22] 还大军. 复合材料自动铺放 CAD/CAM 关键技术研究[D]. 南京:南京航空航天大

学,2010.

[23] 淡蓝,七丁. 复合材料低成本制造技术调查报告[J]. 航空制造技术,2009,14(15):76-77.

[24] 杜影. 乙炔封端聚酰亚胺树脂及其碳纤维增强复合材料的研究[D]. 长春:吉林大学,2009.

[25] 周宇. 含苯并咪唑基团的聚酰亚胺树脂及其碳纤维复合材料的研究[D]. 长春:吉林大学,2014.

[26] 项红. 谈变形铝及铝合金三项国家标准[J]. 杭氧科技,2004(2):38-43.

[27] 范顺科,张宪铭. 变形铝及铝合金三化的研究[J]. 冶金标准化与质量,1999,37(5):46-49.

[28] 刘兵,彭超群,王日初,等. 大飞机用铝合金的研究现状及展望[J]. 中国有色金属学报,2010,20(9):1705-1715.

[29] Liu J, Kolak M. A new paradigm in the design of Al alloys aerospace applicat ion[J]. Mater Sci Forum,2000(331):127-140.

[30] 陈亚莉. 铝合金在航空领域中的应用[J]. 有色金属加工,2006,32(2):11-14.

[31] 曹景竹,王祝堂. 铝合金在航空航天器中的应用(2)[J]. 轻合金加工技术,2013,41(3):1-12.

[32] 黄兰萍,郑子樵,李世晨,等. 铝锂合金的研究与应用[J]. 材料导报,2002,16(5):20-22.

[33] Zhang Yonghong, Yin Zhimin, Zhang Jie. Recrystal lization of $Al_2Mg_2Sc_2Zr$ alloys[J]. Rare Metal Materials and Engineering,2002,31(3):167-170.

[34] Waterloo G, Hansen V, Gjonnes J. Effect of predeformation and presaging at room temperature in Al-Zn-Mg-(Cu, Zr)alloys [J]. Materials Science and Engineering A,2001,303:226-229.

[35] Senatorova O G, Frindlyander I N. Inf luence of machining on residual stresses and properties of super high strength B96u thin elements[J]. Materials Science Forumals,2002,396:1597-1601.

[36] 刘静安. 研制超高强铝合金材料的新技术及其发展趋势[J]. 铝加工,2004,154(1):9-19.

[37] 黄光杰,汪凌云. 铝锂合金的发展、应用和展望[J]. 材料导报,1997,11(2):21-24.

[38] 高洪林,吴国元. 铝锂合金的研究进展[J]. 材料导报,2007,21(6):87-90.

[39] 沈光霁. Al-Li合金的耐蚀性能与阳极氧化处理研究[D]. 天津:天津大学,2010.

[40] 杜纯玉,苏南海. 奇妙的形状记忆合金[M]. 成都:四川教育出版社,1991.

[41] 胡铁牛. 热处理工艺对2195铝锂合金低温力学性能影响规律研究[D]. 哈尔滨:哈尔滨工业大学,2008.

[42] 陈建. 铝锂合金的性能特点及其在飞机中的应用研究[J]. 民用飞机设计与研究,2010,14(1):39-41.

[43] 曹景竹,王祝堂. 铝合金在航空航天器中的应用(1)[J]. 轻合金加工技术,2013,41(2):13-21.

[44] 刘世兴. 变形铝及铝合金牌号、状态新国家标准简介[J]. 材料工程,1997(10):43-47.

[45] 李军. 复合材料在船舶舱口盖中的应用及其多尺度结构研究 [D]. 武汉:华南理工大学,2012.

[46] 李江海,孙秦. 结构型吸波材料及其结构型式设计研究进展[J]. 机械科学与技术,2003,22(z1):188-190.

[47] 杨守杰,戴胜龙. 航空铝合金的发展回顾与展望 [J]. 材料导报,2005,19(2):76-80.

[48] 黄兰萍. 2197 铝锂合金组织与性能研究[D]. 天津:中南大学,2010.

[49] 冯兴国.钛合金等离子体基离子注入层结构和摩擦学性能研究[D]. 哈尔滨:哈尔滨工业大学,2009.

[50] 任蓓蕾. TC4 合金等离子体渗 Mo 与 Mo-Cr 共渗的腐蚀及高温氧化性能研究[D]. 南京:南京航空航天大学,2011.

[51] 李重河,朱明. 钛合金在飞机上的应用[J]. 稀有金属,2009,33(1):84-91.

[52] 张高会,张平则. 钛合金及其表面处理的现状与展望[J]. 世界科技研究与发展,2003,25(4):62-66.

[53] 李重河,朱明,王宁,等.钛合金在飞机上的应用 [J].稀有金属,2009,33(1):84-91.

[54] 黄旭. 航空用钛合金发展概述 [J].军民两用技术与产品,2009,14(5):12-17.

[55] Boyer R R. An overview on the use of titanium in aerospace industry [J]. Materials Science and Engineering, 1996, 213(A):103-108.

[56] 付艳艳,宋月清. 航空用钛合金的研究与应用进展[J]. 稀有金属,2006,30(6):850-856.

[57] 魏东博,张平则. 钛合金阻燃技术的研究进展[J]. 机械工程材料,2010,34(8):1-4.

[58] 张平则,徐重. Ti-Cu 表面阻燃钛合金研究[J]. 稀有金属材料与工程,2005,34(1):162-165.

[59] 张平则. 双层辉光等离子表面合金化阻燃钛合金研究[D]. 太原:太原理工大学,2004.

[60] 商国强,王新南. 紧固件用 Ti-45Nb 合金丝材的性能评价[J]. 中国有色金属学报,2010,20(1):70-74.

[61] 韩雅芳,郑运荣. 航空发动机用高温材料的应用与发展[J]. 世界科技研究与发展,1998,20(6):672.

[62] 徐强,张幸红,韩杰才,等. 先进高温材料的研究现状和展望[J]. 固体火箭技术,2002,25(3):51.

[63] 傅恒志. 未来航空发动机材料面临的挑战与发展趋向[J]. 航空材料学报,1998,18(4):52-61.

[64] 周龙保. 内燃机学[M]. 2 版. 北京:机械工业出版社,2009.

[65] 邓豪. 内燃机新型功率传输机构的设计与研究[D]. 长沙:国防科学技术大学,2008.

[66] 肖苏,阳勇,方琳. 航空涡轮喷气发动机整体技术现状及发展趋势简介[J]. 成都航空职业技术学院学报:综合版,2011,203(4):37-39.

[67] 季鸣鹤. 纪念航空百年 漫话动力变迁(下)之二:涡轮喷气发动机[J]. 航空知识,2003,(12):22-24

[68] 田大山. 涡轮喷气发动机的发明和发展[J]. 自然辩证法通讯,1988,10(57):58-64.

[69] 单晶叶. 核心机之路-第四代大推力军用涡轮风扇发动机发展[J]. 航空档案,2009,(8):78-87.

[70] 罗安阳，周辉华，申余兵. 航空涡轮螺旋桨发动机发展现状与展望[J]. 航空科学技术，2013，(5)：1-5

[71] 胡晓煜. 国外大功率航空涡轮轴发动机的发展[J]. 世界直升机信息，2003，(2)：34-37.

[72] 查理. 涡轮轴发动机技术[J]. 国防科技，2004，(2)：39-43.

[73] 方昌德. 航空发动机的发展研究[M]. 北京：航空工业出版社，2009.

[74] 黄春峰，唐丽君. 中国大飞机发动机研制任重而道远[J]. 航空制造技术，2010，(14)：49-52.

[75] 王良. 我国航空发动机制造技术的现状与挑战[J]. 航空制造技术，2008，(25)：32-47.

[76] 陈炳贻. 航空发动机材料的发展[J]. 航空科学技术，1998，(2)：13-15.

[77] 李爱兰，曾燮榕，曹腊梅，等. 航空发动机高温材料的研究现状[J]. 材料导报，2003，17(2)：26-28.

[78] 肖宇. 航空发动机高温材料发展趋势[J]. 中国高新技术企业，2008，(14)：105.

[79] M J Jones. A Fture Military Propulsion Vision. USA：AIAA 2003-2724，2003.

[80] 黄旭，李臻熙，高帆，等. 航空发动机用新型高温钛合金研究进展. 航空制造技术，2014(7)：70-75.

[81] 朱知寿. 我国航空用钛合金技术研究现状及发展[J]. 航空材料学报，2014，34(4)：44-50.

[82] 毛小南，赵永庆，杨冠军. 国外航空发动机用钛合金的发展现状[J]. 稀有金属快报，2007，26(5)：1-7.

[83] 魏寿庸，何瑜. 俄航空发动机用高温钛合金发展综述[J]. 航空发动机，2005，31(1)：52-57.

[84] 钱九红. 航空航天用新型钛合金的研究发展及应用[J]. 稀有金属，2000，24(3)：218-223.

[85] 李重河，朱明，王宁，等. 钛合金在飞机上的应用[J]. 稀有金属，2009，33(1)：84-91.

[86] 黄张洪，曲恒磊，邓超，等. 航空用钛及钛合金的发展及应用[J]. 材料导报，2011，25(1)：102-107.

[87] Zhu J C, Wang Y, Liu Y, et al. Influence of deformation parameters on microstructure and mechanical properties of TA15 titanium alloy [J]. Transactions of Nonferrous Metals Society of China, 2007, 17(S)：490-494.

[88] 武宏让. 航空用钛合金[J]. 钛工业进展，2000，2(1)：30-31.

[89] Li J S, Li F H, Lei L, et al. Re-bronzing below beta transoms temperature on TC4 titanium alloy surface [J]. Advanced Materials Research, 2013, 75(3)：651-654.

[90] 徐媛，孙坤，钟卫，等. α相与β相比例对 TC6 钛合金力学性能的影响[J]. 云南大学学报：自然科学版，2012，34(3)：320-323.

[91] Zhou Y G, Zeng W D, Yu H Q. An investigation of a new near-beta forging process for titanium alloys and its application in aviation components [J]. Materials Science and Engineering：A, 2005, 393(1)：204-212.

[92] 汶建宏，杨冠军，葛鹏，等. β钛合金的研究进展[J]. 钛工业进展，2008，25(1)：33-35.

[93] 宁兴龙. 飞机用钛新数据[J]. 钛工业进展，2003(6)：31.

[94] 付艳艳，宋月清，惠松骁，等. β钛合金的强韧化机制分析[J]. 稀有金属，2009，33

（1）：92 - 95.

[95] 谭必恩，益小苏. 航空发动机用 PMR 聚酰亚胺树脂基复合材料[J]. 航空材料学报，2001，21(1)：55 - 62.

[96] 司玉锋，陈子勇，孟丽华，等. Ti₃Al 基金属间化合物的研究进展[J]. 特种铸造及有色合金，2003，(4)：33 - 36.

[97] 张建伟，李世琼，梁晓波，等. Ti₃Al 和 Ti₂AlNb 基合金的研究与应用[J]. 中国有色金属学报，2010，20(1)：336 - 341.

[98] 田伟，钟燕，梁晓波，等. Ti - 22Al - 25Nb 合金环形件成型工艺与组织性能关系[J]. 材料热处理学报，2014，35(10)：49 - 52.

[99] 王会阳，安云岐，李承宇，等. 镍基高温合金材料的研究进展[J]. 材料导报，2011，25(18)：482 - 486.

[100] 唐中杰，郭铁明，付迎，等. 镍基高温合金材料的研究现状与发展前景[J]. 航空材料，2014，(1)：36 - 40.

[101] 李嘉荣，刘世忠，史振学，等. 第三代单晶高温合金 DD9[J]. 钢铁研究学报，2011，23(2)：337 - 340.

[102] 孙晓峰，金涛，周亦胄，等. 镍基单晶高温合金研究进展[J]. 中国材料进展，2012，31(12)：1 - 3.

[103] Zhang J, Lou L H. Directional Solidification Assisted by Liquid Metal Cooling [J]. Journal of Materials Science and Technology, 2007(23)：289 - 300.

[104] 张义文，杨士仲，李力，等. 我国粉末高温合金的研究现状[J]. 材料导报，2002，16(5)：1 - 4.

[105] 张义文，刘建涛. 粉末高温合金研究进展[J]. 中国材料进展，2013，32(1)：1 - 3.

[106] 郭建亭. 金属间化合物 NiAl 的研究进展[J]. 中南大学学报：自然科学版，2007，38(6)：1013 - 1027.

[107] 王敬欣. 镍铝基高温结构材料的研究进展[J]. 稀有金属，2007，31(增刊)：83 - 86.

[108] 郭建亭. 金属间化合物 NiAl 的研究进展[J]. 中南大学学报，2007，38(6)：1013 - 1027.

[109] 袁超，周兰章，李谷松，等. 高性能 NiAl 共晶合金 JJ - 3[J]. 金属学报，2013，49(3)：1 347 - 1 355.

[110] 林万明，段剑锋，刘鸿泽，等. Ni₃Al 基金属间合金的研究进展[J]. 铸造设备与工艺，2009，(1)：53 - 56.

[111] 陈金枦，朱定义，林登宜. Ni₃Al 基合金的研究与应用进展[J]. 材料导报，2006，20(1)：35 - 36.

[112] 林均品，张来启，宋西平，等. 轻质 γ - TiAl 金属间化合物的研究进展[J]. 中国材料进展，2010，29(4)：1 - 7.

[113] 彭超群，黄伯云，贺跃辉. TiAl 合金设计与成形方法[J]. 粉末冶金技术，2001，19(5)：297 - 302.

[114] 罗国珍. 钛基复合材料的研究与发展[J]. 稀有金属材料与工程，1997，26(2)：1 - 7.

[115] 曾立英，邓炬，白保良. 连续纤维增强钛基复合材料研究概况[J]. 稀有金属材料与工

程，2000，29(3)：23-215.

[116]　黄陆军，耿林.非连续增强钛基复合材料研究进展[J].航空材料学报，2014，34(4)：126-138.

[117]　毛小南，于兰兰.非连续增强钛基复合材料研究新进展[J].中国材料进展，2010，29(5)：18-24.

[118]　Mao X N. Report for 2005 Annual Session[C]. Xi'an：Northwest Institute of Nonferrous Metal Research，2005.

[119]　高燕，宋怀河，陈晓红. C/C复合材料的研究进展[J].材料导报，2002，16(7)：44-47.

[120]　陈洁，熊翔，肖鹏.高导热C/C复合材料的研究进展[J].材料导报，2006，20(7)：431-435.

[121]　王俊奎，周施真.陶瓷基复合材料的研究进展[J].复合材料学报，1990，7(4)：1-8.

[122]　李专，肖鹏，熊翔.连续纤维增强陶瓷基复合材料的研究进展[J].粉末冶金材料科学与工程，2007，12(1)：13-19.

[123]　张玉娣，周新贵，张长瑞. Cf/SiC陶瓷基复合材料的发展与应用现状[J].材料工程，2005，(4)：60-63.

[124]　Shaw M G. Tape laying large composite structures. Cincinnati，Cincinnati Machine，2004.

[125]　Grimshaw M N. Automated tape laying. Automated Tapy Laying. ASM International，Cincinnati，Cincinnati Machine，2001：480-485.

[126]　王福军，王雪飞.硼化物陶瓷复合材料的研究进展与前景展望[J].材料工程，2009，26(5)：28-30.

[127]　贾成科，张鑫，彭浩然.硼化物陶瓷及其复合材料的研究进展[J].热喷涂技术，2011，3(1)：1-7.

[128]　林锋，蒋显亮.热障涂层的研究进展[J].功能材料，2003，3(34)：254-261.

[129]　吕艳红，张启富.新型热障涂层研究现状及发展趋势[J].粉宋冶全工业，2015，25(1)：8-13.

[130]　张天佑，吴超，熊征，等.热障涂层材料及其制备技术的研究进展[J].激光与光电子学进展，2014，(51)：1-6.

[131]　于海涛，牟仁德，谢敏，等.热障涂层的研究现状及其制备技术[J].稀土，2010，31(5)：83-87.

[132]　Maricocchi A，Bartz A，Wortman D. PVD TBC experience on GE aircraft engines，NASA CP 3312[R]. Kennedy，USA：Thermal barrier coating workshop，1995：79-89.

[133]　徐庆泽，梁春华，孙广华，等.国外航空涡扇发动机涡轮热障涂层技术发展[J].航空发动机，2008，34(2)：52-56.

[134]　Zhu D M，Robert A，Miller Dennis，et al. Thermal and Environmental Barrier Coating Development for Advanced Propulsion Engine Systems[C] // 48th AIAA / ASME / ASCE / AHS / ASC Structures，Structural Dyna-mics，and Materials Conference. Hawaii，USA：AIAA，2007：1-15.

[135]　闫晨强，杨坤锋，李红海，等.解析航空材料技术的现状与未来发展空间[J].稀土，2010，31(5)：76-77.

[136] 曾光,韩志宇,梁书锦,等. 金属零件 3D 打印技术的应用研究 [J]. 中国材料进展,2015,(2):376 - 382.

[137] 李小丽,马剑雄,李萍,等. 3D 打印技术及应用趋势 [J]. 自动化仪表,2015,35(1):1 - 5.

[138] 杨杰,吴月华. 形状记忆合金及其应用[M].北京:中国科学技术大学出版社,1993.

[139] 李成功,傅恒志,于翘. 航空航天材料[M]. 北京:国防工业出版社,2002.

[140] 曾汉民. 高技术新材料要览[M]. 北京:中国科学技术出版社,1993.

[141] 王道荫. 迈向 21 世纪的航空科学技术[M].北京:航空工业出版社,1994.

[142] 褚桂柏. 航天技术概论[M].北京:中国宇航出版社,2002.

[143] Bilstein R. The Illustrated Encyclopedia of Space Technology [J]. Library Journal,1981.106(14):1558.

[144] 刘春飞. 新一代运载火箭箱体材料的选择[J]. 航空制造技术,2003(2):22 - 27.

[145] 龙乐豪. 中国运载火箭技术的成就与展望[J]. 导弹与航天运载技术,2001(1):1 - 8.

[146] 夏德顺. 重复使用运载器贮箱的研制现状[J]. 导弹与航天运载技术,2001(2):12 - 18.

[147] 张起亮. 运载火箭中 TC4 钛合金高压球形气瓶的 TIG 焊[J]. 河南科技,2014(4):77,84.

[148] 李东. 长征火箭的现状及展望[J]. 科技导报,2006,24(3):57 - 63.

[149] 刘方军,李路明,李双寿. 微小卫星结构材料选取初探[J]. Aerospace Manufacturing Technology,2003(4):44 - 48.

[150] 沃西源,周宏志. 卫星结构先进复合材料应用发展[J]. 航天返回与遥感,2002,23(3):52 - 56.

[151] 肖少伯,刘志雄. 卫星结构轻型化与复合材料应用[J]. 宇航材料工艺,1993(4):1 - 4.

[152] 于登云,赖松柏,陈同祥. 大型空间站整体壁板结构技术进展[J]. 中国空间科学技术,2011,31(5):31 - 40.

[153] CATHERINE A JORGENSEN. International space station evolution data book [R]. NASA - SP - 6109,2000

[154] Larson W J, Sarafin T P. Spacecraft Structures and Mechanisms[M]. Springer Netherlands,2009.

[155] 杨大智,吴明雄. Ni - Ti 形状记忆合金在生物医学领域的应用[M].北京:冶金工业出版社,2003.

[156] Stewart T J, Torres P D, Caratus A A, et al. Simulated Service and Stress Corrosion Cracking Testing for Friction Stir Welded Spun Formed Domes[J]. NASA technical Reports Sever. 2010.

[157] 胡波,薛金星,闫大庆. 空间站结构材料及设计研究[J]. 纤维复合材料,2004,21(2):60 - 64.

[158] 林德春,张德雄,陈继荣. 固体火箭发动机材料现状和前景展望[J]. 宇航材料工艺,1999,29(5):1 - 4.

[159] 邢连群. 神舟飞船烧蚀分析[C]. 中国宇航学会飞行器总体专业委员会 2004 年学术研讨会. 2005.

[160] 华英杰,王崇太. NiTi 形状记忆合金在医学领域中的应用[J]. 海南师范学院学报(自然科学版),2004,17(1):39-43.

[161] 史玉芳,刘胜新,陈永,等. TiNi 形状记忆合金及其在医学中的应用[J]. 河北科技大学学报,2004,25(4):40-44.

[162] 杨冠军,杨华斌,曹继敏. 我国形状记忆合金研究与应用的新进展[J]. 材料导报,2004,18(2):42-44.

[163] 王辉,陈再良. 形状记忆合金材料的应用[J]. 机械工程材料,2002,26(3):5-8.

[164] 曹运红. 形状记忆合金的发展及其在导弹与航空领域的应用[J]. 飞航导弹,2000(10):60-63.

[165] 耿冰. 形状记忆合金的研究现状及应用特点[J]. 辽宁大学学报:自然科学版,2007,34(3):225-228.

[166] 高志刚. 形状记忆合金的应用[J]. 现代制造技术与装备,2007(1):44-45.

[167] 曾少鹏,万小军,彭文屹. 形状记忆合金及其在航空工业上的应用[J]. 热处理技术与装备,2011,32(3):1-5.

[168] 刘晓鹏. NiTi 形状记忆合金的超弹性及医学应用研究[D].大连:大连理工大学,2008.

[169] 李杰锋,沈星,杨学永. 形状记忆合金在变体机翼中的应用现状[J]. 材料导报,2014,28(4):104-108.

[170] 吴青云. 铜基形状记忆合金力学弛豫行为的研究[D].合肥:合肥工业大学,2007.

[171] 赵澎涛. 形状记忆合金在三维自适应变体结构中的应用研究[D].南京:南京航空航天大学,2011.

[172] 李琴. 形状记忆合金在星载大型可展开天线上的应用[D].西安:西安电子科技大学,2006.

[173] 白艳洁,袁国青. 形状记忆合金研究、应用及未来机遇[J]. 玻璃钢,2015(4):1-8.

[174] 肖恩忠. 形状记忆合金的应用现状与发展趋势[J]. 工具技术,2005,39(12):10-13.

[175] 孙双双,董静,任勇生. 形状记忆合金在机械工程中的研究与应用[J]. 机电产品开发与创新,2008,21(1):25-27.

[176] 张玉红,严彪. 形状记忆合金的发展[J]. 上海有色金属,2012,33(4):192-195.

[177] 李周. 铜基形状记忆合金材料[M].武汉:中南大学出版社,2010.